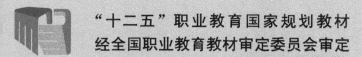

"十二五"职业教育国家规划教材
经全国职业教育教材审定委员会审定

高等职业院校教学改革创新示范教材·网络开发系列

企业网络组建与维护项目式教程

第2版

主　编　束梅玲

副主编　沈　浅　王霞俊　马永山

主　审　殷玉明

U0303431

电子工业出版社

Publishing House of Electronics Industry

北京·BEIJING

内 容 简 介

本教材依据企业网络管理员工作岗位所涉及的组网技术，融入职业资格标准，以职业活动为导向，以能力训练为目标，以企业网络为载体设计教材内容，按学生"由浅入深、由简单到复杂"认知规律组织了"认识计算机网络"、"组建企业办公室网络"、"组建小规模企业网络"和"规划实施中等规模企业网络"4个教学模块16个教学任务，各个任务的侧重点不同，且后面任务训练的知识、能力和技术是前面任务的提高。

本书适合作为高职高专计算机网络课程教材，也可作为爱好组网技术人员的自学指导书。

未经许可，不得以任何方式复制或抄袭本书之部分或全部内容。

版权所有，侵权必究。

图书在版编目（CIP）数据

企业网络组建与维护项目式教程 / 束梅玲主编. —2 版. —北京：电子工业出版社，2014.8
"十二五"职业教育国家规划教材

ISBN 978-7-121-23918-2

Ⅰ．①企… Ⅱ．①束… Ⅲ．①企业—计算机网络—高等职业教育—教材 Ⅳ．①TP393.18

中国版本图书馆 CIP 数据核字（2014）第 172905 号

策划编辑：程超群
责任编辑：郝黎明
印　　刷：北京虎彩文化传播有限公司
装　　订：北京虎彩文化传播有限公司
出版发行：电子工业出版社
　　　　　北京市海淀区万寿路 173 信箱　邮编 100036
开　　本：787×1 092　1/16　印张：11.75　字数：301 千字
版　　次：2010 年 8 月第 1 版
　　　　　2014 年 8 月第 2 版
印　　次：2025 年 2 月第 15 次印刷
定　　价：29.00 元

凡所购买电子工业出版社图书有缺损问题，请向购买书店调换。若书店售缺，请与本社发行部联系，联系及邮购电话：(010) 88254888，88258888。

质量投诉请发邮件至 zlts@phei.com.cn，盗版侵权举报请发邮件至 dbqq@phei.com.cn。

本书咨询联系方式：(010) 88254577，ccq@phei.com.cn。

PREFACE 前言

　　"组网、建网、管网"一直是计算机网络技术及相关专业学生的职业关键能力，通过与企业专家、兄弟院校骨干教师的反复研讨，本教材以强调培养学生职业能力，践行"任务驱动、项目导向、教学做一体"教育理念，加强开发基于真实工作过程和高职特色教学项目，建设更加适用的具有情境教学特色的教材，全面提高教学质量。

　　教材依据企业网络管理员工作岗位所涉及的组网技术，融入职业资格标准，以职业活动为导向，以能力训练为目标，以企业网络为载体设计教材内容，按学生"由浅入深、由简单到复杂"认知规律组织了"认识计算机网络"、"组建企业办公室网络"、"组建小规模企业网络"和"规划实施中等规模企业网络"4个教学模块16个教学任务，各个任务的侧重点不同，且后面任务训练的知识、能力和技术是前面任务的提高。

　　模块 1　认识计算机网络
　　　　任务 1　初识计算机网络
　　　　任务 2　了解数据通信基础知识
　　　　任务 3　认识计算机网络体系结构
　　　　任务 4　认识 TCP/IP
　　模块 2　组建企业办公室网络
　　　　任务 5　初识局域网
　　　　任务 6　制作线缆
　　　　任务 7　安装配置网络操作系统
　　　　任务 8　组建企业办公室网络
　　　　任务 9　组建企业无线网络
　　模块 3　组建小规模企业网络
　　　　任务 10　扩展企业办公网络
　　　　任务 11　组建企业三层交换网络
　　　　任务 12　企业网络接入 Internet

本教材有以下特色：

（1）工学结合，双证融通。教材遵循学生职业能力培养的基本规律，整合、序化教学内容，渗透职业标准，使学习情境和工作情境统一起来，一教双证；

（2）校企共建，重现真实项目。选择的载体（某企业网络）源于规模较大的真实企业综合网络，涉及有线和无线局域网技术、虚拟局域网技术，拥有子网划分、VPN 接入技术等方面，且是一个典型的企业网络，非常适合网络课程教学。

本教材由常州轻工职业技术学院、常州工程职业技术学院和江苏常发集团等合作开发，2010 年 8 月出版第 1 版，由常州轻工职业技术学院束梅玲担任主编，常州轻工职业技术学院沈浅、王霞俊和常州工程职业技术学院马永山担任副主编。2011 年该教材被评为江苏省高等学校精品教材和中国电子教育学会优秀教材二等奖。2013 年 12 月根据使用该教材的老师和学生反馈信息完成了修订工作，模块 1 由束梅玲修订，模块 2 由袁凯烽修订，模块 3 由沈浅修订，模块 4 由沈浅和袁凯烽修订，项目载体和教学情境内容由江苏常发集团刘荣新完成，最后由殷玉明担任主审。

虽然大家尽了最大努力，但教学改革是长期的探索过程，所以本书难免会有错误和不足之处，恳请与师生及各界同仁随时交流，修改完善。E-mail：sml@czili.edu.cn

编　者

CONTENTS 目录

认识计算机网络

诸如浏览网站、QQ 聊天、网上看视频、网上购物等计算机网络应用已经成为大家生活必不可少的一部分，另随着中小企业信息化建设的推进，企业网络的作用也逐渐凸显出来。本模块立足计算机网络架构让大家了解计算机网络概念与分类、数据通信基础、网络体系结构及 TCP/IP 基础等计算机网络基础知识，为组建和维护企业网络打下良好的基础。

任务 1 初识计算机网络

计算机网络技术是计算机技术和通信技术这两大技术相结合的产物。计算机网络是利用通信设备和通信线路，将地理位置不同、功能独立的多台计算机（自治计算机）及外部设备连接起来，在网络操作系统、网络管理软件及网络通信协议的管理和协调下，实现资源共享（包括硬件资源、软件资源和数据资源等）和信息传递的计算机复合系统。一个计算机网络必须具备以下 3 个基本要点。

（1）至少有两个具有独立操作系统的计算机（大到巨型机，小到便携式计算机），且它们之间有相互共享某种资源的需求。

（2）两个独立的计算机之间必须用某种通信手段将其连接，实现数据通信。

（3）网络中的各个独立的计算机之间要能相互通信，必须制定相互可确认的规范标准或协议。

子任务 1 了解计算机网络的发展历程

和其他事物发展一样，计算机网络的发展历程，也经历了从简单到复杂、从低级到高级的发展过程，其发展历程大致分为以下 5 个阶段。

1. 具有通信功能的单机系统——远程终端联网

最初的计算机网络是一台主机通过电话线路连接若干个远程的终端，这种网络称为面向终端的计算机通信网，如图 1-1 所示。它是以单个主机为中心的星型网，效率不

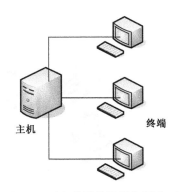

图 1-1 面向终端的计算机通信网

高，功能有限，是 20 世纪 50 年代计算机网络的主要形式，这种网络是现代计算机网络的雏形。典型代表是美国的半自动地面防空系统（SAGE），它把远距离的雷达和其他测控设

备的信号通过通信线路传送到一台旋风计算机进行处理和控制,首次实现了计算机技术与通信技术的结合。

2. 具有通信功能的多机系统——多处理机的联机终端系统

20 世纪 60 年代,为了减轻主计算机负担,出现了在主计算机和通信线路之间设置通信控制处理机(又称为前端处理机,简称前端机)的方案,前端机专门负责通信控制的功能。此外,在终端聚集处设置多路器(又称为集中器),组成终端群-低速通信线路-集中器-高速通信线路-前端机-主计算机结构,如图 1-2 所示称为多机系统。

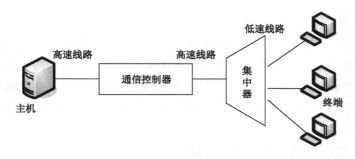

图 1-2　利用通信控制器实现通信

3. 以共享资源为主要目的计算机网络阶段——网络互联

20 世纪 60 年代中期,美国建成了以 ARPANet 为代表的计算机网络,它将计算机网络分为资源子网和通信子网,如图 1-3 所示。通信子网一般由通信设备、网络介质等物理设备构成,资源子网的主体为网络资源设备,如服务器、用户计算机(终端机或工作站)、网络存储系统、网络打印机、数据存储设备等。以通信子网为中心,许多主机和终端设备在通信子网的外围构成一个"用户资源网",通信子网不再使用类似于电话通信的电路交换方式,而采用更适合于数据通信的分组交换方式,大大降低了计算机网络中通信的费用。

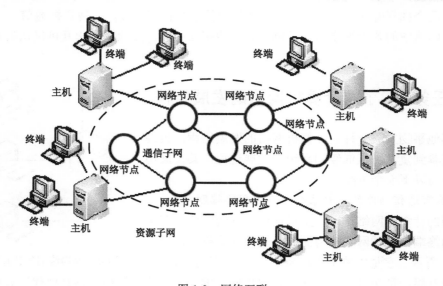

图 1-3　网络互联

4. 开放标准的计算机网络阶段

20 世纪 70 年代，为了霸占市场，各厂家采用自己独特的技术开发了自己的网络体系结构，如 IBM 发布的 SNA 和 DEC 公司发布的 DNA，不同的网络体系结构无法互联，因此无法实现不同厂家网络设备的互联功能，很大程度阻碍了网络的发展。为了实现网络大范围的发展和不同厂家设备的互联，1977 年国际标准化组织 ISO（International Organization for Standardization，ISO）提出一个标准框架——OSI（Open System Interconnection/ Reference Model，开放系统互联参考模型）共七层，1984 年正式发布了 OSI，使厂家设备、协议达到全网互联。目前存在着两种占主导地位的网络体系结构，一种是 ISO（国际标准化组织）的 OSI（开放式系统互联）体系结构，另一种是 TCP/IP（传输控制协议/网际协议）体系结构。

5. 高速智能的计算机网络阶段

进入 20 世纪 90 年代后，计算机网络的发展更加迅速。随着 Internet 的快速发展，世界上的许多公司纷纷接入到 Internet，使网络上的通信量急剧增大。由于数字通信的出现和光纤的接入，ISDN、ADSL、DDN、FDDI 和 ATM 网络等快速网络接入 Internet 的方式也不断地诞生，把网络发展推向新的高潮。开放式大规模推广，其速度发展之快，影响之大，是任何学科不能与之相匹致的。计算机网络的应用从科研、教育到工业，如今已渗透到社会的各个领域，它对于其他学科的发展具有使能和支撑作用。目前，关于下一代计算机网络（Next Generation Network，NGN）的研究已全面展开，计算机网络正面临着新一轮的理论研究和技术开发的热潮，计算机网络继续朝着开放、集成、高性能和智能化方向的发展将是不可逆转的大趋势。许多专家认为，未来的计算机网络发展方向将是 IP 技术+光网络，光网络将会演进为全光网络，从网络的服务层面上看将是一个 IP 的世界，从传送层面上看将是一个光的世界，从接入层面上看将是一个有线和无线的多元化世界。

6. 我国计算机网络的发展

目前，我国已建立了中国公用分组交换数据通信网（ChinaPAC）、中国公用数字数据网（ChinaDDN）、中国公用帧中继网（ChinaFRN）和中国公用计算机互联网（ChinaNet）四大公用数据通信网，有十家具有独立国际出入口线路的商用性互联网骨干单位，以及面向教育、科技、经贸等领域的非营利性互联网骨干单位。网络在中国的发展历程可以大略地划分为三个阶段。

第一阶段（1986—1993 年）研究试验阶段。在此期间中国一些科研部门和高等院校开始研究 Internet 联网技术，并开展了科研课题和科技合作工作。这个阶段的网络应用仅限于小范围内的电子邮件服务，而且仅为少数高等院校、研究机构提供电子邮件服务。

第二阶段（1993—1996 年）起步阶段。1994 年 4 月，中关村地区教育与科研示范网络工程进入互联网，实现和 Internet 的 TCP/IP 连接，从而开通了 Internet 全功能服务。从此中国被国际上正式承认为有互联网的国家。之后，ChinaNet、CERNet、CSTNet、ChinaGBNet等多个互联网络项目在全国范围相继启动，互联网开始进入公众生活，并在中国得到了迅速的发展。

第三阶段（1997 年至今）快速增长阶段。国内互联网用户数自 1997 年以后基本保持每半年翻一番的增长速度，增长到今天，上网用户已超过 1.7 亿。

子任务 2　了解计算机网络的分类

计算机网络的分类方法很多，可从不同的角度不同标准对计算机网络进行分类。

1. 从网络的覆盖范围进行分类

根据计算机网络所覆盖的地理范围，计算机网络通常被分为广域网（WAN）、城域网（MAN）、局域网（LAN）3 类。

（1）广域网（Wide Area Network，WAN）

广域网管辖的范围较大，它的作用范围通常为几十到几千公里。广域网是实现计算机远距离连接的计算机网络，可以把众多的城域网、局域网连接起来，也可以把全球的区域网、局域网连接起来，实现大范围内的资源共享。

（2）城域网（Metropolitan Area Network，MAN）

城域网作用范围在广域网和局域网之间，为 5～100 km，又称为城市网、区域网、都市网。城域网是在一个城市或地区范围内连接起来的网络系统，通常采用光纤或无线网络把各个局域网连接起来。

（3）局域网（Local Area Network，LAN）

局域网作用范围较小，一般在十几公里以内（如 1 栋楼、1 个单位内部），是将计算机、外部设备和网络互联设备连接在一起的网络系统。常见的局域网有以太网（包括快速以太网、千兆位以太网、万兆位以太网）、FDDI、ATM 等。

2. 从网络的拓扑结构进行分类

根据网络中计算机之间互联的拓扑结构图，计算机网络分为星型网(一台主机为中央节点，其他计算机只与主机连接)、树型网(若干台计算机按层次连接)、总线型网(所有计算机都连接到一条干线上)、环型网(所有计算机形成环形连接)、网状网(网中任意两台计算机之间都可以根据需要进行连接）和混合网(前述数种拓扑结构的集成）等，子任务 3 将详细介绍。

3. 按通信传输方式分类

网络所采用的传输技术决定了网络的主要技术特点，根据通信传输方式，网络分点到点式网络和广播式网络两类。

（1）点到点式网络

点到点式网络是指网络中每两台主机、两台节点交换机之间或主机与节点交换机之间都存在一条物理信道，即每条物理线路连接一对计算机，节点沿某信道发送的数据确定无疑的只有信道另一端的唯一节点能收到。在这种点到点的拓扑结构中，没有信道竞争，几乎不存在访问控制问题。绝大多数广域网都采用点到点的拓扑结构，网状形网络是典型的点到点网络，此外，星型结构、树型结构、广域环网和某些环网也是点到点式网络。

（2）广播式网络

在广播式网络中，所有主机共享一条信道，某主机节点发出的数据，其他主机都能收到。在广播信道中，由于信道共享而引起信道访问冲突，因此信道访问控制是要解决的关键问题。局域网是广播式网络，总线网、局域环网、微波、卫星通信网也是广播式网络。

子任务 3 认识计算机网络的拓扑结构

网络拓扑是由网络节点设备和通信介质构成的网络结构图。在计算机网络中，以计算机作为节点、通信线路作为连线，可构成不同的几何图形，即网络的拓扑结构。网络拓扑结构对网络采用的技术、网络的可靠性、网络的可维护性和网络的实施费用都有重大的影响。常见的网络拓扑结构有总线型、星型、环型、树型和网状等。

1. 总线型拓扑结构（Bus Topology）

由一条高速公用总线连接若干个节点所形成的网络即总线型网络，如图 1-4 所示。为防止信号反射，一般在总线两端连有终结器匹配线路阻抗。

总线型网络的特点主要是结构简单灵活，便于扩充，是一种很容易架设的网络。由于多个节点共用一条传输信道，故信道利用率高，但容易产生访问冲突。传输速率高，可达 1～100Mbps。缺点是总线型网常因一个节点出现故障（如接头接触不良等）而导致整个网络不通，因此可靠性不高。

2. 星型拓扑结构（StarTopology）

星型拓扑是一个由中央节点为中心，各联网计算机均与该中心节点直接相连而组成的系统，如图 1-5 所示。各节点间不能直接通信，通信时需要通过该中心节点转发。

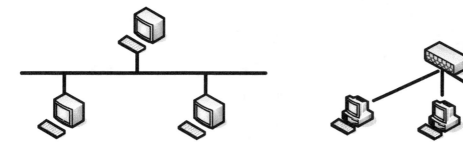

图 1-4 总线型拓扑结构　　　　　　　　图 1-5 星型拓扑结构

星型拓扑特点：中央控制器是一个具有信号分离功能的"隔离"装置，它能放大和改善网络信号，外部有一定数量的端口，每个端口连接一个端节点。常见的中央节点有 HUB 集线器、交换机等。

星型拓扑的优点：结构简单，管理方便，可扩充性强，组网容易。利用中央节点可方便地提供网络连接和重新配置；且单个连接点的故障只影响一个设备，不会影响全网，容易检测和隔离故障，便于维护。

星型拓扑的缺点：属于集中控制，主节点负载过重，如果中央节点产生故障，则全网不能工作，所以对中央节点的可靠性和冗余度要求很高。

3. 环型拓扑结构（Ring Topology）

环型拓扑是将各台联网的计算机用通信线路连接成一个闭合的环，如图 1-6 所示是一个

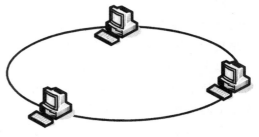

图 1-6 环型拓扑结构

点到点的环路，每台设备都直接连接到环上，或通过一个分支电缆连到环上。

环型拓扑特点：在环型结构中，信息按固定方向流动，或按顺时针方向，或按逆时针方向。如 Token Ring 技术、FDDI 技术等。

环型拓扑结构的优点：一次通信信息在网中传输的最大传输延迟是固定的，每个网上节点只与其他两个节点由物理链路直接互联。因此，传输控制机制较为简单，实时性强。

环型拓扑结构的缺点：环中任何一个节点出现故障都可能会终止全网运行，因此可靠性较差。为了克服可靠性差的问题，有的网络采用具有自愈功能的双环结构，一旦一个节点不工作，可自动切换到另一环路上工作。此时，网络需对全网进行拓扑和访问控制机制进行调整，因此较为复杂。

4. 树型拓扑结构（Tree Topology）

树型拓扑是从总线拓扑演变而来，它把星型和总线型结合起来，形状像一棵倒置的树，顶端有一个带分支的根，每个分支还可以延伸出子分支，如图1-7所示。

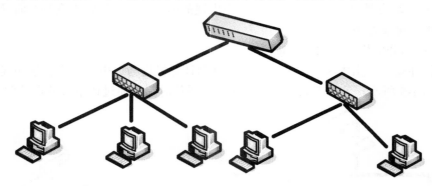

图1-7　树型拓扑结构

在这种拓扑结构中，有根存在，当节点发送时，根接收该信号，然后再重新广播发送到全网。

树型拓扑的优点是易于扩展和故障隔离，树型拓扑的缺点是对根的依赖性太大，如果根发生故障，则全网不能正常工作，对根的可靠性要求很高。

5. 网状拓扑结构

网状结构分为全连接网状和不完全连接网状两种形式。在全连接网状结构中，每一个节点和网中其他节点均有链路连接，如图1-8所示。在不完全连接网状网中，两节点之间不一定有直接链路连接，它们之间的通信，依靠其他节点转接。

网状结构网络的优点是节点间路径多，碰撞和阻塞可能性大大减少，局部的故障不会影响整个网络的正常工作，可靠性高，网络扩充和主机入网比较灵活、简单。但这种网络关系复杂，建网和网络控制机制复杂。

以上介绍的是最基本的网络拓扑结构，在组建局域网时常采用星型、环型、总线型和树型拓扑结构，树型和网状拓扑结构在广域网中比较常见。但是在一个实际的网络中，可能是上述几种网络结构的混合。

在选择拓扑结构时，主要考虑的因素有：安装的相对难易程度、重新配置的难易程度、维护的相对难易程度、通信介质发生故障时受到影响设备的情况及费用等。

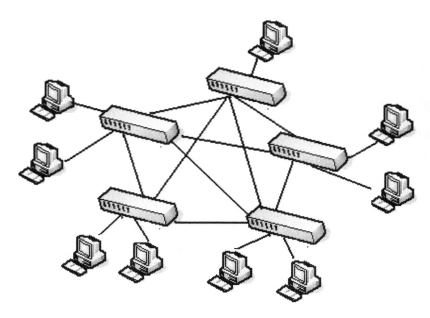

图 1-8　网状拓扑结构

子任务 4　了解计算机网络的主要功能

1. 数据通信

计算机网络使分散在不同部门、不同单位甚至不同省份、不同国家的计算机与计算机之间可以进行通信，互相传送数据，方便地进行信息交换。例如，使用电子邮件进行通信、在网上召开视频会议等。

2. 资源共享

这是计算机网络最主要的功能。在网络范围内，用户可以共享软件、硬件、数据等资源，而不必考虑用户及资源所在的地理位置。当然，资源共享必须经过授权才可进行。

3. 提高计算机系统的可靠性和可用性

网络中的计算机可以互为后备，一旦某台计算机出现故障，它的任务可由网中其他计算机取而代之。当网中某些计算机负荷过重时，网络可将新任务分配给较空闲的计算机去完成，从而提高了每一台计算机的可用性能。

4. 实现分布式的信息处理

由于有了计算机网络，许多大型信息处理问题可以借助于分散在网络中的多台计算机协同完成，解决单机无法完成的信息处理任务。特别是分布式数据库管理系统，它使分散存储在网络中不同系统中的数据在使用时就好像集中存储和集中管理那样方便。

任务 2　了解数据通信基础知识

数据通信的目的是交换信息，信息的载体可以是数字、文字、语音、图形或图像，数据通信是指在不同计算机之间传送二进制代码 0、1 比特序列的过程，利用数字通信系统来实现多媒体信息的传输，是通信技术研究的重要内容之一。

子任务1　了解数据通信基本概念

一、数据通信系统模型

数据通信是计算机与通信相结合而产生的一种通信方式和通信业务，其基本作用是完成两个实体间数据的交换，一个简单的通信系统模型如图1-9所示。

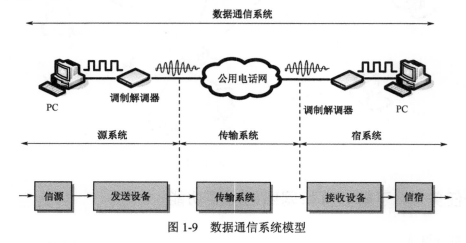

图1-9　数据通信系统模型

二、数据通信基本术语

1. 数据、信息

对于数据通信来说，被传输的二进制代码称为"数据"，数据是信息的载体。数据涉及对事物的表示形式，信息涉及对数据所表示内容的解释。数据通信的任务就是要传输二进制代码比特序列，而不需要解释代码所表示的内容。数据分为数字数据和模拟数据。

数字数据是离散的值，如文字、整数等。模拟数据是在某区间内连续变化的值，如语音、温度等。

2. 信号

是数据的电子和电磁的表现，或数据的电子和电磁编码。信号分模拟信号和数字信号，模拟信号是随时间连续变化的电流、电压或电磁波。数字信号则是一系列离散的电脉冲。信号也可分基带信号和宽带信号，基带信号就是将数字信号1或0直接用两种不同的电压来表示，然后送到线路上去传输，宽带信号则是将基带信号进行调制后形成的频分复用模拟信号。

3. 码元

一个离散信号（电压）状态或信号事件。在数据通信中，人们习惯将被传输的二进制代码的0、1称为码元。

4. 信道

是信源和信宿之间的通信线路，是数据信号传输的必经之路，一般由传输线路和传输设备组成，有物理信道和逻辑信道、数字信道和模拟信道、有线信道和无线信道、专用信道和公共信道之分。物理信道是用来传输信号和数据的物理通道，逻辑信道是在物理信道上建立多条逻辑上的链接；数字信道是指采用数字信号传输数据的信道，模拟信道是指采用模拟信号传输数据的信道；有线信道是使用如双绞线类线缆的有形传输介质，无线信道是使用如无线电类的无形传输介质；专用信道是一种连接用户设备的固定线路，公共信道是一种通过公共网络为大量用户提供服务的信道。

5. 数据单元

在传输数据时，通常将较大的数据块（如报文）分割成较小的数据单元（如分组），并在每一段数据上附加一些如序号、地址、校验码等信息，这些数据单元及其附加的信息一起被称为数据单元。

三、数据通信系统的主要技术指标

任何实际的信道都不是理想的，在传输信号时会产生各种失真及带来多种干扰，影响数据通信系统的性能指标。系统性能指标有如下几种。

1. 数据传输速率 S（比特率）

每秒传输的二进制代码的有效位数，单位为位/秒、比特/秒，即 b/s 或 bps，又称为比特率。计算公式为

$$S=(1/T)\times\log_2 N\text{(bps)}$$

式中，T 为一个数字脉冲信号的宽度（全宽码）或重复周期（归零码），单位为秒（s）；N 为一个码元所取的离散值个数，通常 $N=2^K$，K 为二进制信息的位数，$K=\log_2 N$，$N=2$ 时，$S=1/T$，表示数据传输速率等于码元脉冲的重复频率。

2. 信号传输速率 B（波特率）

是一种信号速率或调制速率，即单位时间内通过信道传输的码元数，单位为波特，记作 Baud。计算公式为

$$B=1/T\text{ (Baud)}$$

式中，T 为信号码元的宽度，单位为秒（s）。

数据传输速率（信息传输速率）S 与码元传输速率（信号传输速率）B 在数量上有一定的关系，即

$$S=B\times\log_2 V\text{(bps)}$$

式中，V 是指一个码元所取得有效离散值个数。

3. 带宽

对于模拟信道来说，带宽是指物理信道的频带宽度，及信道允许传输信号的最高频率和最低频率之差，单位是赫兹（Hz）。对于数字信道来说，带宽是指物理信道上传输数字信号的速率，即数据的传输速率 S。

4. 信道容量

用来表示一个信道的最大数据传输速率，单位是位/秒（bps）。信道容量与数据传输速率的区别是，前者表示信道的最大数据传输速率，是信道传输数据能力的极限，而后者是实际的数据传输速率。

5. 误码率

二进制数据位传输时出错的概率，它是衡量数据通信系统在正常工作情况下的传输可靠性的指标。在计算机网络中，一般要求误码率低于 10^{-6}，若误码率达不到这个指标，可通过差错控制方法检错和纠错。

子任务 2　了解数据通信的主要技术

计算机网络中的两台计算机之间是以通信方式进行数据传递和数据交换的，其通信过程中涉及编码问题、信号类型问题、数据传输和通信问题、同步问题、交换问题、差错控制问题等。

一、数据的传输方式和技术

1. 并行传输和串行传输

并行传输是指有多个数据位同时在两个设备之间传输，发送端设备将这些数据位通过对应的数据线传送给接收端设备，如图 1-10 所示。接收端设备可同时接收到这些数据，不需要做任何变换就可直接使用。并行方式主要用于近距离通信，计算机内的总线结构采用的是并行传输，这种传输方式的优点是传输速度快，处理简单。

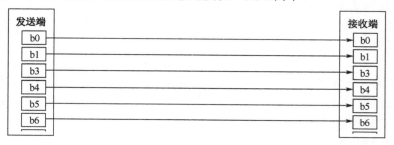

图 1-10　并行传输

串行传输是指发送端设备将数据一位一位地通过通信线传输到接收方设备，如图 1-11 所示。发送端由计算机内的发送设备将几位并行数据经并-串转换成串行方式，逐位经传输线到达接收端设备中，接收端将数据从串行方式重新转换成并行方式以供接收方使用。串行数据传输的速度要比并行传输慢得多，但对于覆盖面极其广阔的公用电话系统来说具有更大的现实意义。

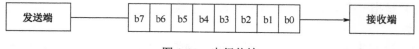

图 1-11　串行传输

2. 单工、全双工和半双工

串行传输具有方向性结构，按照信号传送方向与时间的关系，可以分为三种：单工通信、半双工通信、全双工通信。

单工传输：在一个单一不变的方向上进行信息传输的通信方式，只有一个方向不变的单向通道连接了两个设备，如图 1-12 所示。

图 1-12　单工传输

半双工传输：通信的双方都可以发送信息，但不能双方同时发送(当然也就不能同时接收)，如图 1-13 所示。

图 1-13　半双工传输

全双工传输：通信的双方可以同时发送和接收信息。两设备之间存在两条不同方向的信息传输通道，可以同时在两个方向上传输数据，如图 1-14 所示。

图 1-14　全双工传输

二、数据编码技术

模拟数据的模拟信号可以直接传输，但数字数据的模拟信号传输、数字数据和模拟数据的数字信号传输都需要进行数据的表示才可以进行传输，即数据的编码。

1. 数字数据的数字信号编码

近距离通信的局域网都采用基带传输。基带传输就是在线路中直接传送数字信号的电脉冲，它是一种最简单的传输方式。基带传输时，需要解决的问题是数字数据的数字信号表示及收发两端之间的信号同步两个方面。基带传输必须将数字数据进行线路编码再进行传输，到了接收端再解码，还原原有的数据。常用的三种编码方式如图 1-15 所示：非归零编码方式（NRZ）、曼彻斯特编码和差分曼彻斯特编码。

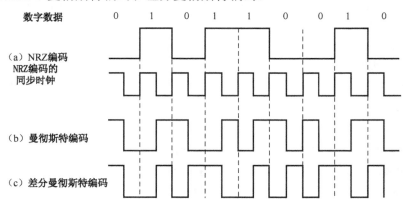

图 1-15　三种数字数据的数字信号编码方式

（1）非归零编码方式（NRZ）。用两种不同的电平分别表示二进制信息 0 和 1，低电平用 0 表示，高电平用 1 表示。缺点：难以分辨某一位的开始和结束，发送方和接收方必须有时钟同步，若信号中 0 和 1 连续出现，信号直流分量将累加，容易产生传播错误。

（2）曼彻斯特编码。在对 0 和 1 编码时，每一位中间都有跳变，从低跳到高表示 0，从高跳到低表示 1。曼彻斯特编码克服了 NRZ 码的不足，每位中间的跳变既可作为数据，又可作为时钟，能够自同步，为以太网采用。

（3）差分曼彻斯特编码。编码时，每一位都有一个跳变，每位开始有跳变表示 0，无跳变表示 1，位的中间跳变表示时钟，位前跳变表示数据。这种编码将时钟和数据分离，便于提取数据，为令牌环网采用。

2. 模拟数据的数字信号编码

（1）脉码调制 PCM。脉码调制是以采样定理为基础，对连续变化的模拟信号进行周期性采样，利用大于有效信号最高频率或其带宽 2 倍的采样频率，通过低通滤波器从这些采样中重新构造出原始信号。

采样定理表达公式

$$F_s(=1/T_s) \geqslant 2F_{\max} \text{ 或 } F_s \geqslant 2B_s$$

式中，T_s 为采样周期；F_s 为采样频率；$F_{\max}$ 为原始信号的最高频率；$B_s(=F_{\max}-F_{\min})$ 为原始信号的带宽。

（2）模拟信号数字化的三步骤。

① 采样：以采样频率 F_s 把模拟信号的值采出。

② 量化：使连续模拟信号变为时间轴上的离散值。

③ 编码：将离散值变成一定位数的二进制数码。

3. 数字数据的调制

信号在线路传输过程中存在三个问题：衰减、延迟畸变和噪声，其中前两个问题都和信号频率有关，而数字信号采用的是方波，频谱很宽，只适合低速和短距离传输。为了使用公共电话交换网实现计算机之间的远程通信，必须将发送端的数字信号变换成能够在公共电话网上传输的音频信号，经传输后再在接收端将音频信号逆变换成对应的数字信号。

调制解调技术是数字数据在模拟信道中传输的方法，实现数字信号与模拟信号互换的设备称为调制解调器（Modem）。调制即将数字数据转变成模拟数据，把要发送的数字信号转换为频率范围在 300～3400 Hz 之间的模拟信号，以便在电话交换网上传送。解调即将调制的信号还原为原来的数字数据。

模拟信号传输的基础是载波信号，可表示为 $u(t)=A(t)\sin(\omega t+\varphi)$，其中幅度 A、频率 ω 和相位 φ 是载波三大要素，它们的变化对正弦载波产生影响。数字数据针对载波的不同要素或它们的组合进行调制，基本的调制方法有移幅键控法 ASK、移频键控法 FSK、移相键控法 PSK 三种，如图 1-16 所示。

调幅（AM）：载波的振幅随基带数字信号变化而变化。

调频（FM）：载波的频率随基带数字信号变化而变化。

调相（PM）：载波的初始相位随基带数字信号变化而变化。

在移幅键控法 ASK 方式下，用载波的两种不同幅度来表示二进制的两种状态。ASK 方式容易受增益变化的影响，是一种低效的调制技术。在电话线路上，通常只能达到 1200bps 的速率。

在移频键控法 FSK 方式下，用载波频率附近的两种不同频率来表示二进制的两种状态。在电话线路上，使用 FSK 可以实现全双工操作，通常可达到 1200bps 的速率。

在移相键控法 PSK 方式下，用载波信号相位移动来表示数据。PSK 可以使用二相或多于二相的相移，利用这种技术，可以对传输速率起到加倍的作用。

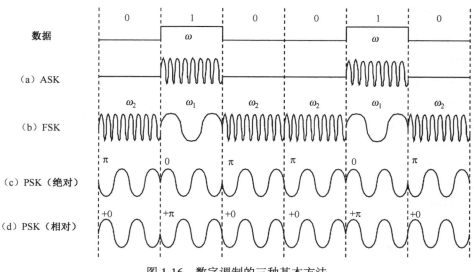

图 1-16　数字调制的三种基本方法

三、同步技术

数据传输的收发双方必须遵循同步技术才可以实施交换数据，实施同步必须考虑和解决的问题是：发送端何时开始传输数据？数据传输过程中双方如何保持数据传输一致？数据传输时间及间隔是多少？接收端何时开始接收数据？这些问题的解决就需要双方设备间的定时机制来解决，即接收端需要按照发送端所发送的每个数据的起止时间和重复频率来接收数据，收发双方在时间上必须一致。数据传输的同步技术有异步传输与同步传输两种。

1. 异步传输

异步传输是以字符为单位的数据传输，一次只传输一个字符。每个字符用一位起始位引导、一位停止位结束，如图 1-17 所示。在没有数据发送时，发送方可发送连续的停止位。接收方根据"1"至"0"的跳变来判断一个新字符的开始，然后接收字符中的所有位。异步传输通信方式简单便宜，但每个字符有 2～3 位额外开销，只适合低速通信场合。

图 1-17　异步传输方式

2. 同步传输

同步传输是高速数据传输过程中使用的一种定时方式，以数据块为单位的数据传输，如图 1-18 所示。为使收发双方能判别数据块的开始和结束，还需要在每个数据块的开始处和结束处各加一个帧头和一个帧尾，加有帧头、帧尾的数据称为一帧。帧头和帧尾的特性取决于数据块是面向字符还是面向位。同步传输通信方式传输的速率高、效率高，但实现复杂，需要精度较高的时钟装置，一般用于计算机和计算机间等高速数据通信的场合。

图 1-18　同步传输方式

四、多路复用技术

在计算机网络系统中，传输介质的带宽和容量一般都超过单一传输信号的传输，为了提高通信线路的利用率，往往在一个信道上传输多路信号，这就是多路复用技术，多路复用技术是指把许多单个信号在一个物理信道上同时传输的技术。常用的多路复用有频分多路复用（FDM）、时分多路复用（TDM）、码分多路复用（CDMA）、波分多路复用（WDM）等几种，频分多路复用 FDM 和时分多路复用 TDM 是两种最常用的多路复用技术。

1. 频分多路复用 FDM 技术

频分多路复用技术多用于多路模拟信号同时传输的场合。在物理信道的可用带宽超过单个原始信号所需带宽情况下，可将该物理信道的总带宽分割成若干个与传输单个信号带宽相同（或略宽）的子信道，每个子信道传输一路信号，即频分多路复用，如图 1-19 所示。

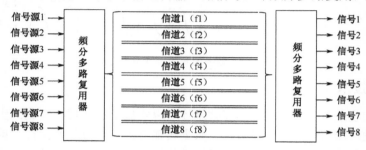

图 1-19　频分多路复用

多路原始信号在频分复用前，先要通过频谱搬移技术将各路信号的频谱搬移到物理信道频谱的不同段上，使各信号的带宽不相互重叠，然后用不同的频率调制每一个信号，每个信号都在以它的载波频率为中心，一定带宽的通道上进行传输。为了防止互相干扰，使用保护带来隔离每一个通道。

2. 时分多路复用 TDM 技术

若介质能达到的位传输速率超过传输数据所需的数据传输速率，可采用时分多路复用 TDM 技术，即将一条物理信道按时间分成若干个时间片轮流地分配给多个信号使用，如图 1-20 所示。每一时间片由复用的一个信号占用，这样，利用每个信号在时间上的交叉，就可以在一条物理信道上传输多个数字信号。

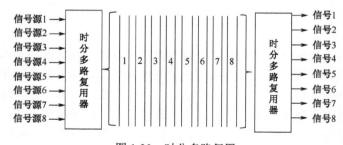

图 1-20　时分多路复用

时分多路复用 TDM 不仅传输数字信号，也可同时交叉传输模拟信号。

五、数据交换技术

数据经编码后在通信线路上进行传输，在实际通信中，数据通常要经过多个中间节点方可传输到信宿，数据的传输过程称为数据交换。数据交换技术有电路交换和存储转发交换两种，存储转发交换又分为报文交换和分组交换。

1. 电路交换

电路交换和电话的工作相同，分建立连接、数据传输和释放连接三个阶段。建立连接是指数据通信前需要先经过呼叫过程建立一条端到端的物理通路。数据传输是指在线路连接状态下传输数据。释放连接指数据传输结束后，由某一方发出拆除请求，然后逐节拆除到对方节点。

电路交换数据传输可靠、迅速，数据不会丢失且保持原来的序列，它适用于系统间要求高质量的大量数据传输的情况。这种数据交换方式在数据传送开始前必须先设置一条专用的通路，在线路释放前该通路由一对用户完全占用，电路利用效率不高。

2. 报文交换

报文交换利用存储转发交换原理，数据传输单位是报文。报文是要发送的数据块，其长度不限且可变。当一个节点要发送报文时，它封装了目的地址、源地址和控制信息等，以便中间各节点逐个地转送到目的地。报文交换采用"存储-转发"方式，每个节点在收到整个报文并检查无误后，就暂存这个报文，然后利用路由信息找出下一个节点的地址，再把整个报文传送给下一个节点。

3. 分组交换

分组交换是报文交换的一种改进，它将报文分成若干个分组，用于交互式通信，如终端与主机通信。分组交换有虚电路分组交换和数据报分组交换两种，是计算机网络中使用最广泛的一种交换技术。

虚电路分组交换。在虚电路分组交换中，为了进行数据传输，网络的源节点和目的节点之间要先建一条逻辑通路。每个分组除了包含数据还包含一个虚电路标识符，在预先建好的路径上的每个节点都知道把这些分组引导到哪里去，不再需要路由选择判定。最后，由某一个站用清除请求分组来结束这次连接。虚电路分组交换在数据传送之前必须通过虚呼叫设置一条虚电路，但并不像电路交换那样有一条专用通路，分组在每个节点上仍然需要缓冲，并在线路上进行排队等待输出。

数据报分组交换。在数据报分组交换中，每个分组的传送是被单独处理的。一个分组称为一个数据报，每个数据报自身携带足够的地址信息。一个节点收到一个数据报后，根据数据报中的地址信息和节点所储存的路由信息，找出一个合适的出路，把数据报原样地发送到下一节点。由于各数据报所走的路径不一定相同，因此不能保证各个数据报按顺序到达目的地，有的数据报甚至会中途丢失。整个过程中，没有虚电路建立，但要为每个数据报做路由选择。

六、差错控制技术

信号在物理信道中传输时，由于线路本身电器特性会造成随机噪声、信号幅度衰减、频率和相位畸变、电器信号在线路上产生反射造成回音效应、相邻线路间的串扰，以及各种外界因素（如大气中的闪电、开关的跳火、外界强电流磁场的变化、电源的波动等），这些都会造成信号的失真，使接收端收到的二进制数位和发送端实际发送的二进制数位不一致，从而造成由"0"变成"1"或由"1"变成"0"的差错。差错控制技术主要分差错检查的检错法和差错纠正的纠错法，最常用的方法是检错法。

数据信息位在向信道发送之前，先按照某种关系附加上一定的冗余位，构成一个码字后再发送，这个过程称为差错控制编码过程。接收端收到该码字后，检查信息位和附加的冗余位之间的关系，以检查传输过程中是否有差错发生，这个过程称为检验过程。差错控制编码可分为检错码和纠错码。

① 检错码——能自动发现差错的编码；

② 纠错码——不仅能发现差错而且能自动纠正差错的编码。

差错控制方法分为两类，一类是自动请求重发 ARQ，另一类是前向纠错 FEC。在 ARQ 方式中，当接收端发现差错时，就设法通知发送端重发，直到收到正确的码字为止。ARQ 方式只使用检错码。在 FEC 方式中，接收端不但能发现差错，而且能确定二进制码元发生错误的位置，从而加以纠正。FEC 方式必须使用纠错码。

1. 奇偶校验码

奇偶校验码是一种通过增加冗余位使得码字中"1"的个数为奇数或偶数的编码方法，它是一种检错码。根据采用的奇偶校验位是奇数还是偶数，推出一个字符包含"1"的数目，接收机重新计算收到字符的奇偶校验位，并确定该字符是否出现传输差错。奇偶校验码分垂直（纵向）奇偶校验、水平（横向）奇偶校验和水平垂直（横纵）奇偶校验三种方法。

若每个字符只采用一个奇偶校验位，只能发现单个比特差错，如果有两个或两个以上比特出错，奇偶校验位无效。异步传输和面向字符的同步传输均采用奇偶校验技术。

2. 循环冗余码（CRC）

在发送端产生一个循环冗余码，附加在信息位后面一起发送到接收端，接收端收到的信息按发送端形成循环冗余码同样的算法进行校验，若有错，需重发。循环冗余码 CRC 在发送端编码和接收端校验时，都可以利用事先约定的生成多项式 $G(X)$ 来得到，K 位要发送的信息位可对应于一个 $(k-1)$ 次多项式 $K(X)$，r 位冗余位则对应于一个 $(r-1)$ 次多项式 $R(X)$，由 r 位冗余位组成的 $n=k+r$ 位码字则对应于一个 $(n-1)$ 次多项式 $T(X)=X^r \times K(X)+R(X)$。以下面的例子介绍循环冗余码检验方法。

已知，信息码：110011，信息多项式：$K(X)=X^5+X^4+X+1$。

生成码：11001，生成多项式：$G(X)=X^4+X^3+1(r=4)$。

第一步，计算循环冗余码和码字。

$(X^5+X^4+X+1) \times X^4$ 的积是 $X^9+X^8+X^5+X^4$，对应的码是 1100110000。

按模二算法计算，积 / $G(X)$，得到余数 $R(X)$。

$$\underline{\qquad\qquad 1\,0\,0\,0\,0\,1} \leftarrow Q(X)$$

$$G(x) \rightarrow 1\,1\,0\,0\,1\,)\,1\,1\,0\,0\,1\,1\,0\,0\,0\,0 \leftarrow F(X) \times X^r$$

$$\underline{1\,1\,0\,0\,1}$$

$$1\,0\,0\,0\,0$$

$$\underline{1\,1\,0\,0\,1}$$

$1\,0\,0\,1 \leftarrow R(X)$(冗余码)

由计算结果知冗余码是 1001，码字就是 1100111001。

第二步，检验码字的正确性。

接收码字：若接收码是 1100111001，则构成多项式 $T(X)=X^9+X^8+X^5+X^4+X^3+1$。

生成码：11001，生成多项式：$G(X)=X^4+X^3+1(r=4)$

用接收码除以生成码，若余数为 0，则码字正确。

$$\begin{array}{r}100001 \leftarrow Q(X)\\ G(x)\rightarrow 11001)\overline{1100111001} \leftarrow F(X)\times X^r+R(x)\\ \underline{11001}\\ 11001\\ \underline{11001}\\ 11001\\ \underline{11001}\\ 0 \leftarrow S(X)(\text{余码})\end{array}$$

3. 海明码

海明码是一种可以纠正一位差错的编码。它是利用在信息位为 k 位、增加 r 位冗余位，构成一个 $n=k+r$ 位的码字，然后用 r 个监督关系式产生的 r 个校正因子来区分无错和在码字中的 n 个不同位置的一位错。它必需满足以下关系式：$2^r \geq n+1$ 或 $2^r \geq k+r+1$

海明码的编码效率为

$$R=k/(k+r)$$

式中，k 为信息位位数；r 为增加冗余位位数。

任务3 认识计算机网络体系结构

计算机网络是由各种计算机和各类终端通过通信线路连接起来的复合系统。在这个复杂的系统中，由于硬件、连接方式及软件不同，网络中各节点间的通信无法进行。由于各厂家使用的数据格式、交换方式不同，异种机通信的标准化非常困难。于是各厂家纷纷提出建议，由一个适当的组织实施一套公共的标准，各厂家都生产符合该标准的产品，简化通信手续，以便在不同的计算机上实现互相通信的目的。

子任务 1 认识网络体系结构

计算机网络体系结构是通信系统的整体设计，是计算机网络的核心，为网络硬件、软件、协议、存取控制和拓扑结构提供标准。网络体系结构是从体系结构的角度来研究和设计计算机网络体系，其核心是网络系统的逻辑结构和功能分配定义，即描述实现不同计算机系统之间互联和通信的方法及结构，是层和协议的集合。

一、计算机网络的分层模型

计算机网络系统非常复杂，为便于研究和实现，需要按具有可分层特性的体系结构方式进行建模。计算机网络体系结构就是为了简化复杂系统中的问题研究，抽象设计并实现一种层次结构模型。在层次模型中，将系统所要实现的复杂功能分化为若干个相对简单的细小功能，每一项分功能以相对独立的方式去实现。因此网络体系结构都分成层次结构，其分层原则如下：

● 各层相对独立，某一层的内部变化不影响另一层；

- 层次数适中，不应过多，也不宜太少；
- 每层完成特定的功能，类似功能尽量集中在同一层；
- 低层对高层提供的服务与低层如何完成无关；
- 相邻层之间的接口有利于标准化工作。

二、协议

在计算机网络的各节点间要进行无差错的数据交换，各节点必须遵守一些事先约定好的规则，这些规则即网络协议，它规定了数据交换的格式及同步问题。也可以说协议就是网络的语言，网络终端与网络设备只有遵循了这种语言的规范才能彼此通信。网络协议由语法、语义、时序三个要素组成。

（1）语法是指数据与控制信息的结构或格式，确定通信时采用的数据格式、编码及信号电平等。

（2）语义是各种命令及回答响应的含义，规定需要发出何种控制信息、完成何种动作，以及做出何种应答，对发布请求、执行动作以及返回应答予以解释，并确定用于协调和差错处理的控制信息。

（3）时序是指事件实现顺序的详细说明，指出事件的顺序及速度匹配。

三、服务与接口

在计算机网络协议的层次结构中，层与层之间具有服务与被服务的单向依赖关系，下层向上层提供服务，而上层调用下层的服务。因此可称任意相邻两层的下层为服务提供者，上层为服务调用者。服务通过服务访问点（SAP）提供，如图1-21所示。计算机网络的服务分为如下三类。

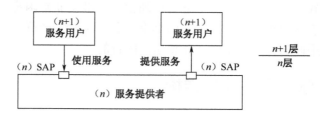

图 1-21　服务及服务访问点

（1）面向连接的服务与无连接的服务。

面向连接服务以电话系统为模式，它在数据交换之前，必须先建立连接。当数据交换结束后，则必须终止这个连接。在传送数据时是按序传送的。面向连接服务比较适合于在一定时期内要向同一目的地发送许多报文的情况。无连接服务以邮政系统为模式。每个报文（信件）带有完整的目的地址，并且每一个报文都独立于其他报文，由系统选定的路线传递。在正常情况下，当两个报文发往同一目的地时，先发的先到。但是，也有可能先发的报文在途中延误了，后发的报文反而先收到。

（2）有应答服务与无应答服务。

有应答服务是指接收方在收到数据后向发送方给出相应的应答，该应答由传输系统内部自动实现，而不是用户实现，如文件传输服务。无应答服务是指接收方收到数据后不自动给出应答，若需应答，由高层实现。如 WWW 服务，客户端收到服务器发送的页面文件后不给出应答。

（3）可靠服务与不可靠服务。

可靠服务是指网络具有检错、纠错和应答机制，能保证数据正确、可靠地传送到目的地。而不可靠服务是指网络不能保证数据正确、可靠地传送到目的地，网络只是尽量正确、可靠，是一种尽力而为的服务。

下层向上层提供的服务通过下层和上层之间的接口来实现。接口定义下层向其相邻的上层提供的服务及原语操作，并使下层服务的实现细节对上层是透明的。

四、数据传送单位

服务数据单元 SDU：为完成用户所要求的功能而应传送的数据。第 N 层的服务数据单元记为 N-SDU。

协议控制信息 PCI：控制协议操作的信息。第 N 层的协议控制信息记为 N-PCI。

协议数据单元 PDU：协议交换的数据单位。第 N 层的协议数据单元记为 N-PDU。

子任务 2　认识 ISO/OSI 开放系统互联参考模型

世界上著名的网络体系结构有 IBM 公司的 SNA、美国国防部的 ARM、Digital 公司的 DNA，但这些网络体系结构都有局限性和封闭性，不能进行开放式的信息交换。1978 年，国际标准化组织（ISO）在提出了开放系统互联参考模型 OSI（Open System Interconnection Reference Mode），该模型定义了异种机联网标准的框架结构，建立了一整套能保证全部级别都能进行通信的标准，从而解决了异种计算机、异种操作系统、异种网络间的通信问题。

一、OSI 七层模型

OSI 参考模型在逻辑上将整个网络的通信功能划分为七个层次，从低到高为物理层、数据链路层、网络层、传输层、会话层、表示层、应用层，每一层都定义了所实现的功能，完成某特定的通信任务，如图 1-22 所示，并只与相邻的上层和下层进行数据的交换。

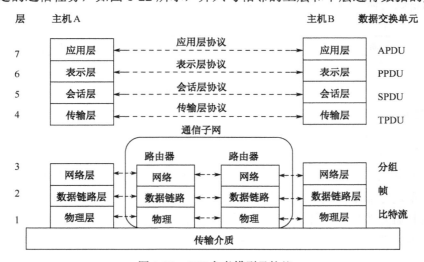

图 1-22　OSI 参考模型及协议

二、OSI 参考模型各层功能

OSI 参考模型的每一层都有其必须实现的一系列功能，以保证数据包能从源节点传输到目的节点。

1. 物理层（Physical Layer）

物理层是 OSI 参考模型的最低层，是 OSI 体系结构中最重要的、最基础的一层。物理层对有关物理设备通过物理媒体进行互联的描述和规定。物理层协议定义了接口的机械特性、电气特性、功能特性、规程特性 4 个基本特性。

物理层以比特流的方式传送来自数据链路层的数据，而不去理会数据的含义或格式。同样，它接收数据后直接传给数据链路层。也就是说，物理层只能看见 0 和 1，它没有一种机制用于确定自己所处理的比特流的具体意义，而只与数据通信的机械或电气特性有关。

2. 数据链路层（Data Link Layer）

数据链路层是 OSI 模型的第二层，负责相邻节点间的链路上无差错的传送数据帧，数据帧包含数据信息和控制信息。数据链路层只将无误码的帧送到网络层，将误码可能出现的差错对网络层屏蔽，这样在网络层往下看是一条理想的无差错链路。

数据链路层协议主要有面向字符型的数据链路协议和面向比特型的数据链路层协议。面向字符型的数据链路协议的代表是 IBM 公司的 BSC 协议，协议以字符为传输信息的基本单位，并规定了 10 个控制字符来实现数据的透明传输。此协议采用指定的编码，允许使用同步传输和异步传输方式，多采用半双工通信方式、方阵纠错码检验、等待发送的控制方式。数据传输时的报文格式以正文分组格式为主，在正文相当长时采用。面向比特型的链路层协议，弥合了面向字符型的链路层协议控制符的烦琐，具有统一的帧格式，统一的标志符 F（01111110），控制简单，报文信息和控制信息独立，采用统一的循环冗余校验（CRC）码，在链路上传输信息时连续发送，使数据传输透明性好，可靠性强，并提高了传输效率。

面向比特型的链路层协议主要以 ISO 推荐的高级数据链路控制规程 HDLC(ISO3309) 为代表。HDLC 的帧格式如图 1-23 所示，每个帧包括链路的控制信息和数据信息。控制段 C 有三种类型，相应的 HDLC 也有三种类型的帧，分别为信息帧 I、监控帧 S 及无编号帧 U。ISO 的数据链路层协议有 ISO/8802.1～8802.6。

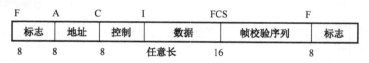

图 1-23 HDLC 的帧格式

3. 网络层（Network Layer）

网络层是 OSI 模型的第三层，负责信息寻址和将逻辑地址与名字转换为物理地址。由于通信的两台计算机间可能涉及许多个节点，故信息可能经过多个通信子网，因此网络层的任务之一是要选择合适的路径将信息送到目的站，这就是所谓的路由选择。网络层的另一个任务是要进行流量控制，以防止网络拥塞引起的网络功能下降。

路由选择就是为信息选择并建立适当路径，引导信息沿着这条路径通过网络。数据传输时路径的最佳选择是由计算机自动识别的，计算机通过路由算法，确定分组报文传送的最短链路。

流量控制负责控制链路上的信息流动，是调整发送信息的速率，使接收节点能够及时处理信息的一个过程。流量控制防止因过载而引起的吞吐量下降、延时增加、死锁等情况发生，在相互竞争的各用户间公平地分配资源。网络层通过控制相邻节点、源节点到目的节点及源主机到目的主机间的流量来解决全局性的拥塞问题，实现总的流量控制。

网络层传输的信息以报文分组为单位。数据交换是报文分组交换方式，将整个报文分成若干个较短的报文分组，每个报文分组都含有控制信息，目的地址和分组编号，各报文分组可在不同的路径传输，最后再重新组成报文。此种数据交换方式交换延时小，可靠性高，速度快，但技术复杂。

网络层协议最著名的协议是国际电报电话咨询委员会 CCITT 的 X.25 协议，对应 OSI 的下三层，相当于 ISO8473/8348 标准，提供数据报和虚电路两种类型的接口。另外，网络层还需要考虑采用不同的网络层协议的网络之间的互联问题，如 TCP/IP 使用的 IP 协议和 NOVELL 使用的 IPX 协议之间的互联。

4. 传输层（Transport Layer）

传输层是非常重要的一层，其功能是保证在不同子网的两台设备间数据包可靠、顺序、无错地传输。传输层负责处理端对端通信，所谓端对端是指从一个终端（主机）到另一个终端（主机），中间可以有一个或多个交换节点。

传输层向高层用户提供端到端的可靠的透明传输服务，为不同进程间的数据交换提供可靠的传送手段。在传输层一个很重要的工作是数据的分段和重组，即把一个上层数据分割成更小的逻辑片或物理片。换言之，也就是发送方在传输层把上层交给它的较大的数据进行分段后分别交给网络层进行独立传输，从而实现在传输层的流量控制，提高网络资源的利用率。在接收方将收到的分段的数据重组，还原成为原先完整的数据。另外，传输层的另一主要功能就是将收到的乱序数据包重新排序，并验证所有的分组是否都已被收到。传输层的基本传输单位是报文。

5. 会话层（Session Layer）

会话层是利用传输层提供的端到端的服务，向表示层或会话用户提供会话服务。会话层是用户连接到网络的接口，为不同系统中的两个用户进程间建立会话连接，进行会话管理，并将分组按顺序正确组成报文完成数据交换，保证会话数据可靠传送。

在会话过程中，会话层需要决定使用全双工通信还是半双工通信。如果采用全双工通信，则会话层在对话管理中要做的工作就很少；如果采用半双工通信，会话层则通过一个数据令牌来协调会话，保证每次只有一个用户能够传输数据。

6. 表示层（Presentation Layer）

表示层是处理 OSI 系统之间用户信息的表示（编码）问题，定义交换中使用的数据结构，如数组、浮点数、记录、图像、声音等，负责在不同的数据格式之间进行转换操作，以实现不同计算机系统间的信息交换；负责数据的加密，以在数据的传输过程对其进行保护，使数据在发送端被加密，在接收端解密；负责文件的压缩，通过算法来压缩文件的大小，降低传输费用。

7. 应用层（Application Layer）

应用层是 OSI 的最高层，直接与用户和应用程序打交道，负责对软件提供接口以使程序能使用网络。与 OSI 参考模型的其他层不同的是，它不为任何其他 OSI 层提供服务，而只是为 OSI 模型以外的应用程序提供服务，如电子表格程序和文字处理程序。包括为相互通信的应用程序或进程之间建立连接、进行同步，建立关于错误纠正和控制数据完整性过程的协商等。应用层还包含大量的应用协议，如虚拟终端协议（Telnet）、简单邮件传输协议（SMTP）、简单网络管理协议（SNMP）、域名服务系统（DNS）和超文本传输协议（HTTP）等。

三、OSI 的层次间的通信

在 OSI 参考模型中，同一台计算机的各层间与在同一层上不同计算机之间经常需要进行通信，即每一层向其协议规范中的上层提供服务，每层都与其他计算机中相同层的软件和硬件交换一些信息。

协议数据单元为了使数据分组从源主机传送到目的主机，源主机 OSI 模型的每一层要与目标主机的同层进行通信，每一层的协议交换的信息称为协议数据单元（Protocol Data Unit，PDU）。

数据封装（Encapsulation）是指网络节点将要传送的数据用特定的协议头打包来传送数据，有时候也可能在数据尾部加上报文。OSI 七层模型的每一层都对数据进行封装，以保证数据能够正确无误的到达目的地，并被终端主机理解及处理。

OSI 的通信涉及同一台计算机之间相邻层的通信和不同计算机上同等层之间的通信。如图 1-24 所示的数据传送过程中有两台主机（源主机 A 和目标主机 B）进行通信，任务从主机 A 的应用层开始，按规定的格式逐层封装数据，直至数据包到达物理层，然后通过网络传输线路到达主机 B。主机 B 的物理层获取数据，向上层发送数据，直到到达主机 B 的应用层。主机 A 和主机 B 间的通信中还存在同等层之间通信，如主机 A 的应用层与主机 B 的应用层通信，同样，主机 A 的传输层、会话层和表示层也分别与主机 B 的对等层进行通信，但对等层间的通信不是直接通信，是虚通信。

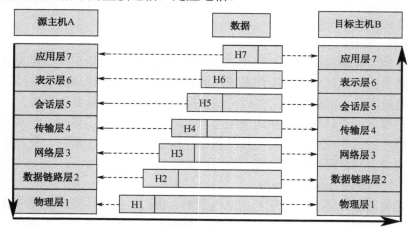

图 1-24　数据传送过程

任务4　认识 TCP/IP

众所周知，不同厂家生产不同型号的计算机运行着完全不同的操作系统，因为有了

TCP/IP 互联网协议，它们可以互相进行通信。TCP/IP（Transmission Control Protocol/Internet Protocols，简称为 TCP/IP）定义了电子设备（如计算机）如何接入因特网，以及数据如何在它们之间传输的标准。TCP/IP 协议是由美国国防部高级研究计划局创建的，是发展至今最成功的通信协议，它被用于构筑目前最大的、开放的互联网络系统 Internet，为众多网络产品和厂家支持的协议，目前已成为一个事实上的工业标准。TCP/IP 是一组通信协议的代名词，这组协议使任何具有网络设备的用户能访问和共享 Internet 上的信息，其中最重要的协议是传输控制协议（TCP）和网际协议（IP）。TCP 和 IP 是两个独立且紧密结合的协议，负责管理和引导数据报文在 Internet 上的传输。二者使用专门的报文头定义每个报文的内容。TCP 负责和远程主机的连接，IP 负责寻址，使报文被送到其该去的地方。

子任务 1　了解 TCP/IP 参考模型

TCP/IP 和 OSI 参考模型有很多共同之处，两者都采用层次结构概念，各层功能大相径庭，另外，两者都以协议栈的概念为基础，协议栈中的协议彼此独立。

一、分层模型

TCP/IP 参考模型由下而上由网络接口层、网络层、传输层、应用层 4 层组成，如图 1-25 所示，下两层构成了子网访问层，主要起到为网络设备提供数据通路的作用。需要指出的是，TCP/IP 是 OSI 模型之前的产物，所以两者间不存在严格的层对应关系。在 TCP/IP 模型中并不存在与 OSI 中的物理层与数据链路层相对应的部分，相反，由于 TCP/IP 的主要目标是致力于异构网络的互联，所以在 OSI 中的物理层与数据链路层相对应的部分没有作任何限定。

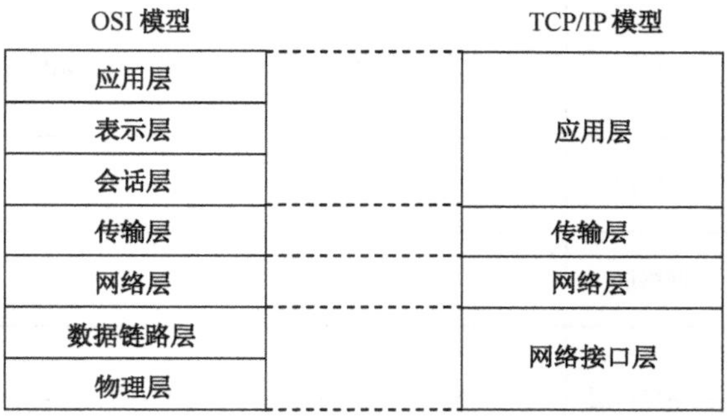

OSI 模型		TCP/IP 模型
应用层		应用层
表示层		
会话层		
传输层		传输层
网络层		网络层
数据链路层		网络接口层
物理层		

图 1-25　OSI 模型和 TCP/IP 模型

二、TCP/IP 模型各层的功能

1. 网络接口层

网络接口层是 TCP/IP 模型的最低层，负责接收从网络层交换来的 IP 数据报，并将 IP 数据报通过底层物理网络发送出去，或者从底层物理网络上接收物理帧，抽出 IP 数据报，交给网络层。网络接口层使采用不同技术的网络硬件之间能够互联，它包括属于操作系统的设备驱动器和计算机网络接口卡，以处理具体的硬件物理接口。

2. 网络层

网络层负责独立地将分组从源主机送往目标主机，涉及为分组提供最佳路径的选择和交换功能，并使这一过程与它们所经过的路径和网络无关。TCP/IP 模型的网络层在功能上与 OSI 参考模型中的网络层非常类似，即检查网络拓扑结构，以决定传输报文的最佳路由。

3. 传输层

传输层的作用是在源节点和目的节点的两个对等实体间提供可靠的端到端的数据通信。为保证数据传输的可靠性，传输层协议也提供了确认、差错控制和流量控制等机制。

传输层从应用层接收数据，并且在必要的时候把它分成较小的单元，传递给网络层，并确保到达对方的各段信息正确无误。

4. 应用层

应用层为用户提供网络应用，并为这些应用提供网络支撑服务，把用户的数据发送到低层，为应用程序提供网络接口。由于 TCP/IP 将所有与应用相关的内容都归为一层，所以在应用层要处理高层协议、数据表达和对话控制等任务。

子任务 2　认识 TCP/IP 各层主要协议

TCP/IP 事实上是一个协议系列或协议簇，目前包含了 100 多个协议，用来将各种计算机和数据通信设备组成实际的 TCP/IP 计算机网络。TCP/IP 模型各层的一些重要协议，如表 1-1 所示，它的特点是上下两头大而中间小：应用层和网络接口层都有许多协议，而中间的 IP 层很小，上层的各种协议都向下汇聚到一个 IP 协议中。这种很像沙漏计时器形状的 TCP/IP 协议族表明：TCP/IP 可以为各式各样的应用提供服务，同时也可以连接到各式各样的网络上，因此，因特网能发展到现在的这种全球规模。

表 1-1　TCP/IP 模型各层的一些重要协议

TCP/IP	各 层 协 议	功　　能
应用层	FTP、Telnet、SMTP、HTTP、DNS、SNMP、TFTP	负责把数据传到到传输层或接收从传输层返回的数据；向用户提供调用和访问网络中各种应用、服务和实用程序接口
传输层	TCP、UDP	主要为两台主机上的应用程序提供端到端的可靠或不可靠的传输服务，可以实现流量控制和负载均衡
网络层	IP、ARP、RARP、ICMP	主要为数据包选择路由，提供逻辑地址和数据的打包或分组
网络接口层	Ethernet、Token Ring、FDDI、ATM、X.25	负责底层数据传输，发送时将 IP 包作为帧发送，接收时把接收到的位组装成帧，利用 MAC 地址访问传输介质，提供链路管理和差错控制等

一、PPP 协议

PPP 协议是提供在点到点链路上传递、封装网络层数据包的一种数据链路层协议，PPP 定义了一整套的协议，包括链路控制协议（LCP）、网络层控制协议（NCP）和验证协议（PAP 和 CHAP）。PPP 由于能够提供验证，易扩充，支持同异步而获得较广泛的应用。

二、IP 协议

IP 协议作为通信子网的最高层，提供不可靠的、无连接的数据传输服务，协议是点到点的，核心问题是寻径。它向上层提供统一的 IP 数据报，使得各种物理帧的差异性对上层协议不复存在。IP 协议是 TCP/IP 协议簇中两个最重要的协议之一，与 IP 协议配套使用的三个协议如下。

ARP（Address Resolution Protocol）协议：地址解释协议，用来将逻辑地址解析成物理地址。

RARP（Reverse Address Resolution Protocol）协议：反向地址解释协议，通过 RARP 广播，将物理地址解析成逻辑地址。

ICMP（Internet Control Message Protocol）协议：因特网控制消息协议，提供网络控制和消息传递功能的。

IP 报头格式如图 1-26 所示。

4位版本	4位首部长度	8位服务器类型（TOS）	16位总长度（字节数）		
16位标识			3位标识	13位片偏移	
8位生存时间（TTL）		8位协议	16位首部检验和		
32位源IP地址					
32位目的IP地址					
选项（如果有）					
数据					

20字节

图 1-26　IP 报头

版本号：4 个 bit。用来标识 IP 版本号。

首部长度：4 个 bit。标识包括选项在内的 IP 头部字段的长度。

服务类型：8 个 bit。服务类型字段被划分成两个子字段，3bit 的优先级字段和 4bit TOS 字段，最后一位置为 0。4bit 的 TOS 分别代表：最小时延，最大吞吐量，最高可靠性和最小花费，4bit 中只能将其中一个 bit 位置 1，如果 4 个 bit 均为 0，则代表一般服务。

总长度字段：16 个 bit。接收者用 IP 数据报总长度减去 IP 报头长度就可以确定数据包数据有效负荷的大小。IP 数据包最长可达 65535 字节。

标识字段：16 个 bit。唯一的标识主机发送的每一份数据包。接收方根据分片中的标识字段是否相同来判断这些分片是否是同一个数据包的分片，从而进行分片的重组。通常每发送一份报文它的值就会加 1。

标识字段：3 个 bit。用于标识数据包是否分片。第 1 位没有使用，第 2 位是不分段（DF）位。当 DF 位被设置为 1 时，表示路由器不能对数据包进行分段处理。如果数据包由于不能分段而未能被转发，那么路由器将丢弃该数据包并向源发送 ICMP 不可达。第 3 位是分段（MF）位。当路由器对数据包进行分段时，除了最后一个分段的 MF 位被设置为 0 外，其他的分段的 MF 位均设置为 1，以便接收者直到收到 MF 位为 0 的分片为止。

片偏移：13 个 bit。在接收方进行数据报重组时用来标识分片的顺序。用于指明分段起始点相对于报头起始点的偏移量。由于分段到达时可能错序，所以位偏移字段可以使接收者按照正确的顺序重组数据包。当数据包的长度超过它所要去的那个数据链路的 MTU 时，路由器要将它分片。数据包中的数据将被分成小片，每一片被封装在独立的数据包中。接收端使用标识符，分段偏移及标记域的 MF 位来进行重组。

生存时间：8 个 bit。TTL 域防止丢失的数据包在无休止的传播。该域包含一个 8 位整数，此数由产生数据包的主机设定。TTL 值设置了数据包可以经过的最多的路由器数。TTL 的初始值由源主机设置（通常为 32 或 64），每经过一个处理它的路由器，TTL 值减 1。如果一台路由器将 TTL 减至 0，它将丢弃该数据包并发送一个 ICMP 超时消息给数据包的源地址。注意：TTL 值经过 PIX 时不减 1。

协议字段：8 个 bit。用来标识是哪个协议向 IP 传送数据。ICMP 为 1，IGMP 为 2，TCP 为 6，UDP 为 17，GRE 为 47，ESP 为 50。

首部校验和：根据 IP 首部计算的校验和码。

Option 选项：是数据报中的一个可变长的可选信息。

三、TCP 协议

传输层的主要协议有 TCP 协议和 UDP 协议。TCP 传输控制协议（Transport Control Protocol）是一种面向连接的、可靠的、基于字节流的传输层协议，它利用无连接的 IP 服务向用户提供面向连接的服务，用三次握手和滑动窗口机制来保证传输的可靠性和进行流量控制。用户数据报协议（User Datagram Protocol，UDP）是面向无连接的不可靠传输层协议。

1. 报文格式

TCP 报文是 TCP 层传输的数据单元，又称为报文段，TCP 报文首部格式如图 1-27 所示。

16 位源端口								16 位目的端口	
32 位序列号									
32 位确认号									
4 位首部长度	保留（6 位）	U R G	A C K	P S H	R S T	S Y N	F I N	16 位窗口大小	
16 位 TCP 校验和								16 位紧急指针	
选项（若有）									填充
数据（若有）									

图 1-27　TCP 报头

源端口：16 位的源端口字段包含初始化通信的端口号。

目的端口：16 位的目的端口字段定义传输的目的，这个端口指明接收方计算机上的应用程序接口。

序列号：序列号是一个 32 位的数，用来标识 TCP 源端设备向目的端设备发送的字节流，它表示在这个报文段中的第几个数据字节。

确认号：TCP 使用 32 位的确认号字段标识期望收到的下一个段的第一个字节，并声明此前的所有数据已经正确无误地收到，因此，确认号应该是上次已成功收到的数据字节序列号加 1。收到确认号的源计算机会知道特定的段已经被收到。确认号的字段只在 ACK 标志被设置时才有效。

数据偏移：这个 4 位字段包括 TCP 头大小。由于首部可能含有选项内容，因此 TCP 首部的长度是不确定的。首部长度的单位是 32 比特或 4 个八位组。首部长度实际上也指示了数据区在报文段中的起始偏移值。

保留：6 位置 0 的字段，为将来定义新的用途保留。

控制位：共 6 位，每一位标识可以打开一个控制功能。

URG（紧急指针字段标志）：表示 TCP 包的紧急指针字段有效，用来保证 TCP 连接不被中断，并且督促中间齐备尽快处理这些数据。

ACK（确认字段标志）：取 1 时表示应答字段有效，也即 TCP 应答号将包含在 TCP 段中，为 0 则反之。

PSH（推功能）：这个标志表示 Push 操作。Push 操作是指在数据包到达接收端以后，立即送给应用程序，而不是在缓冲区中排队。

RST（重置连接）：这个标志表示感谢连接复位请求，用来复位那些产生错误的连接，也被用来拒绝错误和非法的数据包。

SYN（同步序列号）：表示同步序号，用来建立连接。

FIN：表示发送端已经发送到数据末尾，数据传送完成。

2. TCP 端口号和套接字

TCP 端口是为 TCP 协议通信提供服务的端口，一台拥有 IP 地址的主机可以提供许多服务，如 WWW 服务、FTP 服务、SMTP 服务，那么主机是怎样区分不同的网络服务呢？显然不能只靠 IP 地址，实际上是通过"IP 地址+端口号"来区分不同的服务。端口号只能是长度为 16 位的二进制整数，值的范围是从 0 到 65535。端口号分三个范围，0～1023 间的端口为"已知端口"，1024～49151 间的端口为"注册端口"，49152～65535 间的端口为"动态和/或专用端口"。任何 TCP/IP 实现所提供的服务都用 1～1023 之间的端口号，是由 ICANN 来管理的，常见的端口号如表 1-2 所示。

表 1-2　常见端口号

服务进程	（保留的）标准端口号	服务说明
FTP	20	文件传输协议（数据连接）
FTP	21	文件传输协议（控制连接）
Telnet	23	远程登录或仿真终端协议
SMTP	25	简单邮件传输协议
DNS	53	域名服务
HTTP	80	超文本传输协议

套接字（Socket）如图 1-28 所示，应用层通过传输层进行数据通信时，TCP（和 UDP）会遇到同时为多个应用程序进程提供并发服务的问题，多个 TCP 连接或多个应用程序进程可能需要通过同一个 TCP 协议端口传输数据。为了区别不同的应用程序进程和连接，许多计算机操作系统为应用程序与 TCP/IP 协议交互提供了称为套接字的接口。Socket 原意是"插座"，主要有 3 个参数：通信的目的 IP 地址、使用的传输层协议（TCP 或 UDP）和使用的端口号，通过将这 3 个参数结合起来，与一个"插座"Socket 绑定，应用层就可以和传输层通过套接字接口，区分来自不同应用程序进程或网络连接的通信，实现数据传输的并发服务。

3. TCP 连接

TCP 协议提供的是可靠的、面向连接的传输控制协议，即在传输数据前要先建立逻辑连接，然后再传输数据，最后释放连接3个过程。TCP协议通过三次握手建立连接，终止连接要通过四次握手，过程如图1-29和图1-30所示。

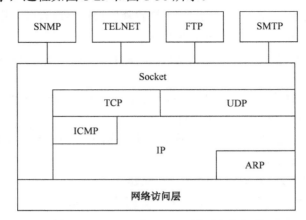

图1-28　Socket在TCP/IP模型中的位置

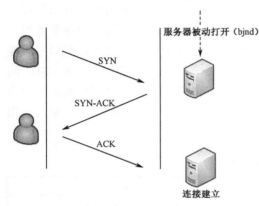

● 客户端发送一个带SYN标志的TCP报文到服务器。第一次握手。
● 服务器端回应客户端的报文，这个报文同时带ACK标志和SYN标志，表示对刚才客户端SYN报文的回应，同时又标志SYN给客户端，询问客户端是否准备好进行数据通信。第二次握手。
● 客户必须再次回应服务器一个ACK报文。第三次握手

图1-29　TCP建立连接

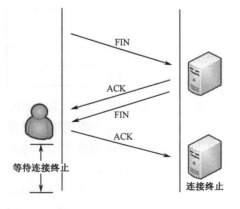

● TCP客户端发送一个FIN，用来关闭客户到服务器的数据传送。第一次握手。
● 服务器收到这个FIN，它发回一个ACK，确认序号为收到的序号加1。第二次握手。
● 服务器关闭客户端的连接，发送一个FIN给客户端。第三次握手。
● 客户段发回ACK报文确认，并将确认序号设置为收到序号加1。第四次握手。

图1-30　TCP终止连接

子任务3　认识IP地址

Internet是由众多主机和网络设备互相连接而成的，要确认网络上的某一主机，必须有

个能唯一标识该主机的网络地址，这个地址就是 IP（Internet Protocol）地址，IP 地址是为每一台连接到 Internet 上的主机分配一个唯一的 32 二进制位地址。

一、IP 地址的表示方法

为了便于记忆，将 IP 地址的 32 位分成 4 组，每组 8 位，由小数点分开，并用四个字节来表示，即点分十进制表示形式（a.b.c.d），其中 a、b、c、d 都是 0～255 之间的十进制整数。如 32 位二进制数 IP 地址 01100100.00000100.00000101.00000110，用点分十进制表示 IP 地址为 100.4.5.6。

二、IP 地址的结构

IP 地址的构成使主机可以在 Internet 上方便寻址，由网络号和主机号两部分组成，如图 1-31 所示，在寻址过程中先按 IP 地址中的网络号码找到对应网络，再按主机号码找到主机。

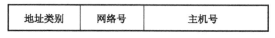

地址类别	网络号	主机号

图 1-31　IP 地址结构

三、地址的划分

为了便于对 IP 地址进行管理，同时还考虑到网络的差异很大，有的网络拥有很多的主机，而有的网络上的主机则很少。因此 Internet 的 IP 地址就分成为五类，如图 1-32 所示，即 A 类到 E 类，分别适用不同规模的网络，常用的是 B 和 C 两类。

图 1-32　IP 地址划分

A 类地址：A 类 IP 地址由 1 字节的网络地址和 3 字节的主机地址组成，网络地址的最高位必须是"0"，A 类 IP 地址中网络的标识长度为 8 位，主机标识的长度为 24 位，A 类网络地址数量较少，可以用于主机数达 1600 多万台的大型网络。A 类地址的表示范围为 1.0.0.1～126.255.255.255，默认子网掩码为 255.0.0.0，如 10.10.10.10.10 是一个 A 类地址。

B 类地址：B 类 IP 地址由 2 字节的网络地址和 2 字节的主机地址组成，网络地址的最高位必须是"10"，B 类 IP 地址中网络的标识长度为 16 位，主机标识的长度为 16 位，B 类网络地址适用于中等规模的网络，每个网络所能容纳的计算机数为 6 万多台。B 类地址的表示范围为 128.0.0.1～191.255.255.255，默认子网掩码为 255.255.0.0，如 150.10.10.10.10

是一个 B 类地址。

C 类地址：C 类 IP 地址由 3 字节的网络地址和 1 字节的主机地址组成，网络地址的最高位必须是"110"，C 类 IP 地址中网络的标识长度为 24 位，主机标识的长度为 8 位，C 类网络地址数量较多，适用于小规模的局域网络，每个网络最多只能包含 254 台计算机。C 类地址的表示范围为 192.0.0.1～223.255.255.255，默认子网掩码为 255.255.255.0，如 222.10.10.10.10 是一个 C 类地址，表 1-3 所示为对 A、B、C 三类网络的最大网络数、IP 地址范围等数据进行比较。

表 1-3　A、B、C 三类 IP 地址取值范围

网络类别	最大网络数	IP 地址范围	最大主机数	私有 IP 地址范围
A	126	1.0.0.0～126.255.255.255	16777214	10.0.0.0～10.255.255.255
B	16384	128.0.0.0～191.255.255.255	65534	172.16.0.0～172.31.255.255
C	2097152	192.0.0.0～223.255.255.255	254	192.168.0.0～192.168.255.255

四、特殊的 IP 地址

对一台网络上的主机来说，它可以正常接收的合法目的网络地址有三种：本机的 IP 地址、广播地址及组播地址。IP 地址除了可以表示主机的一个物理连接外，它有几种特殊的表现形式。

1．网络地址

TCP/IP 协议规定，32 位 IP 地址中主机地址均为"0"的地址，表示为网络地址。

2．广播地址

专门用于同时向网络中所有工作站进行发送的一个地址，广播地址有受限广播地址和直接广播地址。受限广播地址是 255.255.255.255，在任何情况下，路由器都不转发目的地址为受限的广播地址的数据包，这样的数据包仅出现在本地网络中。直接广播地址是 32 位 IP 地址中主机地址均为"1"，表示向指定的网络直接广播。

3．组播地址

组播协议的地址在 IP 协议中属于 D 类地址，D 类地址是 224.0.0.0～239.255.255.255 的 IP 地址，其中 224.0.0.0～224.0.0.255 是被保留的地址。组播协议的地址范围类似于一般的单播地址，被划分为两个大的地址范围，239.0.0.0～239.255.255.255 是私有地址，供各个内部网在内部使用，这个地址的组播不能上公网，类似于单播协议使用的 192.168.X.X 和 10.X.X.X。224.0.1.0～238.255.255.255 是公用的组播地址，可以用于 Internet 上。

4．环回地址

IP 地址中不能以十进制"127"作为开头，该类地址中数字 127.0.0.1 到 127.255.255.255 用于回路测试，如 127.0.0.1 可以代表本机 IP 地址。

5．0.0.0.0

0.0.0.0 已经不是一个真正意义上的 IP 地址了。它表示的是这样一个集合：所有不清楚的主机和目的网络。

6．私有地址

私有地址属于非注册地址，专门为组织机构内部使用。10.x.x.x，172.16.x.x～172.31.x.x，192.168.x.x 被大量用于企业内部网络中。

A 类私有地址：10.0.0.0～10.255.255.255。B 类私有地址：172.16.0.0～172.31.255.255。C 类 192.168.0.0～192.168.255.255。

思考与习题

1．什么是计算机网络？计算机网络的主要功能是什么？

2．计算机网络是如何分类的？

3．计算机网络的拓扑结构有哪些？它们各有什么优缺点？

4．与计算机网络相关的标准化组织有哪些？

5．信道是如何分类的？

6．什么是基带传输、频带传输？

7．数字基带传输中数据信号的编码方式主要有哪几种？各有什么特点？若使用它们分别对基带信号"10110110"进行编码，请画出编码后的波形图。

8．列举出几种信道复用技术，并说出它们各自的技术特点。

9．差错控制技术有几种？各有什么特点？

10．网络协议的三要素是什么？

11．OSI/RM 共分为哪几层？简要说明各层的功能。

12．TCP/IP 协议模型分为几层？各层的功能是什么？每层又包含什么协议？

13．简述 OSI 参考模型与 TCP/IP 参考模型的异同点。

14．局域网的拓扑结构分为几种？每种拓扑结构具有什么特点？

组建企业办公室网络

小型办公室局域网的网络规模通常在 50 个节点以内，是一种结构简单、应用较为单一的小型局域网，CFJT 企业的技术研发办公室网络就属于这类网络。该部门有 10 名员工，从事企业网络中心和企业计算机维护、网络系统维护和技术服务等工作。办公室有 6 台计算机、1 台交换机和 1 台打印机，6 台计算机通过集线器/交换机组建成一个办公室局域网，并接入公司网络。要组建此类办公室网络，一定要了解局域网基础知识、组成办公室局域网的基本设备及操作，分析当前企业网络的实际需求，力求所组建的办公室网络方便实用。

任务 5　初识局域网

子任务 1　了解局域网的发展

局域网技术已经成为计算机网络中最流行的形式。局域网（Local Area Network，LAN），是将较小地理区域内的各种数据通信设备连接在一起的通信网络。局域网产生于 20 世纪 70 年代，微型计算机的发明和迅速流行、计算机应用的迅速普及与提高和计算机网络应用的不断深入和扩大，以及人们对信息交流、资源共享和高带宽的迫切需求，都直接推动着局域网的发展。20 世纪 90 年代以来，局域网技术的发展更是突飞猛进，日新月异的新技术、新产品令人目不暇接。特别是交换技术的出现，更使局域网的发展进入了一个崭新的阶段。

1972 年，Bell（布尔）公司提出了两种环型局域网技术。

1973 年，Bob Metcalfe 和 David Boggs 又发明了以太网。

1979 年，Bob Metcalfe 开始了以太网标准化的研究工作。

1980 年，DEC、Intel 和 Xerox（DIX）共同制定了 10Mbps 以太网的物理层和链路层标准规范，即 Ethernet V1.0 以太网规范。

1983/4 年，IEEE 802.3 委员会以 Ethernet2.0 为基础，正式制定并颁布了 IEEE 802.3 以太网标准，这个标准称为标准以太网（10Base-5）。

1983 年，美国国家标准化委员会 ANSI X3T9.5 委员会提出了光纤高速网标准 FDDI（光纤分布式数据接口），使局域网的传输速率提高到 100Mbps。

1985 年，在 IBM 公司推出的著名的令牌环网的基础上，IEEE 802 委员会又制定了令牌环标准 IEEE 802.5。

1990 年，为提高以太网的传输速率，在 10Mbps 以太网技术的基础上，进而开发了快速以太网技术。

1995 年 6 月通过了 100Base-T 快速以太网标准 IEEE 802.3u，其带宽比以太网提高了 10 倍。这一阶段的网络技术是共享传输通道、共享带宽的共享式局域网技术。

子任务 2　认识局域网的特点

局域网是一个通信网络，它仅提供通信功能。从 ISO/RM 看，它仅包含了低两层（物理层和数据链路层）的功能，所以连到局域网的数据通信设备必须加上高层协议和网络软件才能组成计算机网络。局域网连接的是数据通信设备，包括微型计算机、高档工作站、服务器等大、中小型计算机、终端设备和各种计算机外围设备。局域网传输距离有限，网络覆盖的范围小。主要特点如下。

（1）局域网覆盖的地理范围比较小。一般为数百米至数千米，可覆盖一幢大楼、一所校园或一个企业。

（2）数据传输速率高。从最初的 1Mbps 到后来的 10Mbps、100Mbps，近年来已达到 1000Mbps、10Gbps，可交换各类数字和非数字（如语音、图像、视频等）信息。

（3）较低的延迟和误码率传输延时小。一般在 $10^{-11} \sim 10^{-8}$ 以下，这是因为局域网通常采用短距离基带传输，可以使用高质量的传输媒体，从而提高了数据传输质量。

（4）局域网属单一组织拥有，协议简单、结构灵活、建网成本低、周期短、便于管理和扩充。

尽管局域网地理覆盖范围小，但这并不意味着它们就是小型或简单的网络。局域网可以扩展得相当大或者非常复杂。局域网具有如下的一些主要优点。

（1）能方便地共享昂贵的外部设备、主机、软件及数据。

（2）便于系统的扩展和逐渐地演变，各设备的位置可灵活调整和改变。

（3）提高了系统的可靠性、可用性。

局域网的应用范围极广，可应用于办公自动化、生产自动化、企事业单位的管理、银行业务处理、军事指挥控制、商业管理等方面。

子任务 3　认识局域网的分类和拓扑结构

一、局域网分类

局域网存在着多种分类方法，因此一个局域网可能属于多种类型。局域网经常采用以下几种方法分类：按拓扑结构分类、按传输介质分类、按访问介质分类和按网络操作系统分类。

（1）按拓扑结构分：总线型局域网、环型局域网、星型局域网及混和型局域网等类型。这种分类方法反映的是网络采用的哪种拓扑结构，是最常用的分类方法。

（2）按传输介质分：同轴电缆局域网、双绞线局域网和光纤局域网。若采用无线电波、微波，则可以称为无线局域网。

（3）按访问传输介质分：以太网（Ethernet）、令牌网（Token Ring）、FDDE 网、ATM 网等。

（4）按网络操作系统分：Novell 公司的 Netware 网，3COM 公司的 3+OPEN 网，Microsoft

公司的 Windows NT 网，IBM 公司的 LAN Manager 网，BANYAN 公司的 VINES 网等。

（5）按数据的传输速度分：10Mbps 局域网、100Mbps 局域网、155Mbps 局域网等。

（6）按信息的交换方式分：交换式局域网、共享式局域网。

二、局域网的拓扑结构

前面提到网络中的计算机、设备以一定的结构方式进行连接，这种连接方式称为"拓扑结构"。目前常见的局域网拓扑结构有以下四大类：星型结构、环型结构、总线型结构、混合型结构。

1. 星型结构

此结构是目前在局域网中应用得最为普遍的一种，在企业网络中几乎都是采用这一方式。星型网络几乎是 Ethernet（以太网）网络专用，在这种结构中，所有的网络结点都通过一个网络集中设备（如集线器或者交换机）连接在一起，各节点呈星状分布而得名。星型结构网络的基本特点如下。

● 容易实现：它所采用的传输介质一般都是采用通用的双绞线，这种传输介质相对来说比较便宜，如目前正品五类双绞线每米也仅 1.5 元左右，而同轴电缆最便宜的也要 2.00 元左右一米，光缆那更不用说了。这种拓扑结构主要应用于 IEEE 802.2、IEEE 802.3 标准的以太局域网中。

● 节点扩展、移动方便：节点扩展时只需要从集线器或交换机等集中设备中拉一条线即可，而要移动一个节点只需要把相应节点设备移到新节点即可。

● 维护容易：一个节点出现故障不会影响其他节点的连接，可任意拆走故障节点。

● 采用广播信息传送方式：任何一个节点发送信息在整个网中的节点都可以收到，这在网络方面存在一定的隐患，但在局域网中使用影响不大。

● 网络传输数据快：这一点可以从目前最新的 1000Mbps～10Gbps 以太网接入速度可以看出。

2. 环型结构

此结构的网络形式主要应用于令牌网中，在这种网络结构中各设备是直接通过电缆来串接的，最后形成一个闭环，整个网络发送的信息就是在这个环中传递，通常把这类网络称为"令牌环网"。这种拓扑结构的网络特点如下。

● 适用范围小：这种网络结构一般仅适用于 IEEE 802.5 的令牌网（Token Ring Network），在这种网络中，"令牌"是在环型连接中依次传递，所用的传输介质一般是同轴电缆。

● 实现简单：这种网络实现非常简单，投资最小。组成这个网络除了各工作站就是传输介质，如同轴电缆或光缆，以及一些连接器材，没有价格昂贵的节点集中设备，如集线器和交换机。但也正因为这样，这种网络所能实现的功能最为简单，仅能作为一般的文件服务模式。

● 传输速度较快：在令牌网中允许有 16Mbps 的传输速度，它比普通的 10Mbps 以太网要快许多。当然随着以太网的广泛应用和以太网技术的发展，以太网的速度也得到了极大提高，目前普遍都能提供 100Mbps 的网速，远比 16Mbps 要高。

● 维护困难：从其网络结构可以看到，整个网络各节点间是直接串联，这样任何一个节点出了故障都会造成整个网络的中断、瘫痪，维护起来非常不便。另一方面因为同轴电缆所采用的是插针式的接触方式，所以非常容易造成接触不良，网络中断，而且这样查找起来非常困难，这一点相信维护过这种网络的人都会深有体会。

● 扩展性能差：也是因为它的环型结构，决定了它的扩展性能远不如星型结构的好，如果要新添加或移动节点，就必须中断整个网络，在环的两端作好连接器才能连接。

3．总线型结构

这种网络拓扑结构中所有设备都直接与总线相连，它所采用的介质一般也是同轴电缆（包括粗缆和细缆），不过现在也有采用光缆作为总线型传输介质的，ATM 网、Cable Modem 所采用的网络等都属于总线型网络结构。这种结构具有以下几个方面的特点。

● 组网费用低：从示意图可以这样的结构根本不需要另外的互联设备，是直接通过一条总线进行连接，所以组网费用较低。

● 传输速度易受影响：这种网络因为各节点是共用总线带宽的，所以在传输速度上会随着接入网络的用户的增多而下降。

● 网络用户扩展较灵活：需要扩展用户时只需要添加一个接线器即可，但所能连接的用户数量有限。

● 维护较容易：单个节点失效不影响整个网络的正常通信。但是如果总线一断，则整个网络或者相应主干网段就断了。

● 这种网络拓扑结构的缺点是一次仅能一个端用户发送数据，其他端用户必须等待获得发送权。

4．混合型结构

这种网络拓扑结构是由星型结构和总线型结构的网络结合在一起的网络结构，这样的拓扑结构更能满足较大网络的拓展，解决星型网络在传输距离上的局限，而同时又解决了总线型网络在连接用户数量的限制。这种网络拓扑结构同时兼顾了星型网与总线型网络的优点，在缺点方面得到了一定的弥补。主要特点如下。

● 应用广泛：主要解决了星型和总线型拓扑结构的不足，满足了大公司组网的实际需求。

● 扩展灵活：它继承了星型拓扑结构的优点。

● 较难维护：主要受到总线型网络拓扑结构的制约。

● 速度较快：因其骨干网采用高速的同轴电缆或光缆，所以整个网络在速度上不受太多的限制。

子任务 4　认识局域网体系结构和标准

一、局域网体系结构

局域网的体系结构只涉及 OSI 模型的物理层和数据链路层，如图 2-1 所示。

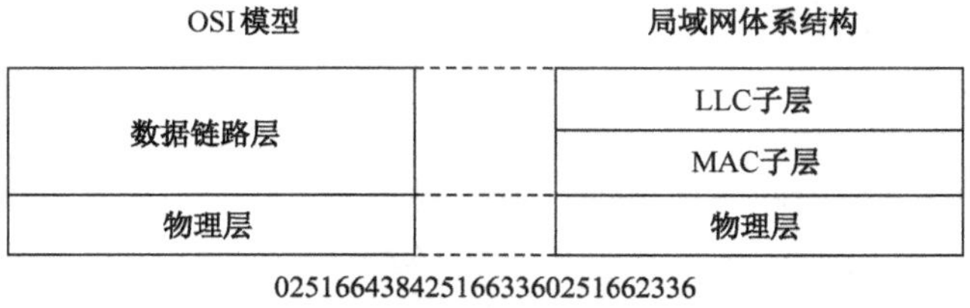

OSI 模型		局域网体系结构
数据链路层		LLC子层
		MAC子层
物理层		物理层

02516643842516633602516662336

图 2-1　局域网体系结构

1. 物理层

局域网的物理层是和 OSI 七层模型的物理层功能相当的，主要涉及局域网物理层上原始比特流的传送，定义局域网物理层的机械、电气、规程和功能特性。如信号的传输与接收、同步序列的产生和删除、物理连接的建立、维护、拆除等。

物理层还规定了局域网所使用的信号、编码、传输介质、拓扑结构和传输速率。例如，信号编码可以采用曼彻斯特编码，传输介质可采用双绞线、同轴电缆、光缆甚至是无线传输介质；拓扑结构则支持总线型、星型、环型、树型和网状等，可提供多种不同的数据传输率。

2. 数据链路层

IEEE 802 标准把局域网的数据链路层分为逻辑链路控制（Logical Link Control，LLC）和介质访问控制（Medium Access Control，MAC）两个子层。上面的 LLC 层实现数据链路层与硬件无关的功能，比如流量控制、差错恢复等，较低的 MAC 层提供 LLC 和物理层的接口。不同的局域网 MAC 层不同，LLC 层相同。分层将硬件与软件的实现有效地分离，硬件制造商可以在网络接口卡中提供不同的功能和相应的驱动程序，以支持各种不同的局域网（如以太网、令牌环网等），而软件设计上则无需考虑具体的局域网技术。

（1）MAC 子层

MAC 子层位于数据链路层的下层，除了负责把物理层的"0"、"1"比特流组建成帧，并且通过帧尾部的错误校验信息进行错误检测外，它另外一个重要的功能是提供对共享介质的访问，即处理局域网中各节点对共享通信介质的争用问题，不同类型的局域网通常使用不同的介质访问控制协议。常用的介质访问控制协议有三种：以太网的带冲突检测的载波侦听多路访问 CSMA/CD 方法及环型结构的令牌环（Token Ring）访问控制方法和令牌总线（Token Bus）访问控制方法。

MAC 子层分配单独的局域网地址，这就是通常所说的 MAC 地址即物理地址。通常 MAC 子层将目标计算机的物理地址添加到数据帧上，当此数据帧传递到对端的 MAC 子层后，它检查该地址是否与自己的地址相匹配。如果帧中的地址与自己的地址不匹配，就将这一帧丢弃；如果相匹配，就将它发送到上一层。

在网络中，任何一个节点（计算机、路由器、交换机等）都有自己唯一的 MAC 地址，以在网络中唯一地标识自己，网络中没有两个拥有相同物理地址的节点。大多数 MAC 地址是由设备制造厂商建在硬件内部或网卡内的。在一个以太网中，每个节点都有一个内嵌的以太网地址。该地址是一个 6 字节的二进制串，通常写成十六进制数，每两位为一组，以冒号分隔，如 00：90：27：99：11：cc。以太网地址由 IEEE 负责分配。由两部分组成：地址的前 3 个字节代表厂商代码，如华为 3Com 产品 MAC 地址前 3 字节为 0x00e0fc；后 3 个字节由厂商自行分配。必须保证世界上的每个以太网设备都有唯一的内嵌地址。MAC 地址用于标识本地网络上的系统。

（2）LLC 子层

LLC 子层位于网络层和 MAC 子层之间，负责屏蔽掉 MAC 子层的不同实现，将其变成统一的 LLC 界面，从而向网络层提供一致的服务，LLC 子层向网络层提供的服务通过其与网络层之间的逻辑接口［又称为服务访问点（SAP）］实现。LLC 子层负责完成数据链路流量控制、差错恢复等功能。这样的局域网体系结构不仅使得 IEEE 802 标准更具有可扩充性，有利于其将来接纳新的介质访问控制方法和新的局域网技术，同时也不会使局域网技术的发展或变革影响到网络层。

二、局域网技术与标准

1. 局域网技术

为了顺利组建局域网，网络管理人员必须熟悉和遵循以下局域网 4 项基本技术，合适选择和设计局域网。

（1）拓扑结构。

（2）传输介质。

（3）通信协议。

（4）布线技术。

2. 局域网标准

局域网发展迅速，类型繁多，1980 年 2 月，美国电气和电子工程师学会（IEEE）成立了局域网标准化委员会（简称 IEEE 802 委员会），研究并制定了 IEEE 802 局域网标准。IEEE 802 制定了以太网、令牌环和令牌总线等一系列局域网标准，称为 IEEE 802.x 标准，它们都涵盖了物理层和数据链路层。

IEEE 802 为局域网制定了一系列标准，主要有如下几种。

（1）IEEE 802.1：它包含多个标准，定义了局域网体系结构、网络管理和性能测量等。

（2）IEEE 802.2：它定义了逻辑链路控制（LLC）子层的功能。

（3）IEEE 802.3：它定义了 CSMA/CD 媒体接入控制方式和相关物理层规范。

● IEEE 802.3ab：它定义了 1000Base-T 媒体接入控制方式法和相关物理层规范。

● IEEE 802.3i：它定义了 10Base-T 媒体接入控制方式和相关物理层规范。

● IEEE 802.3u：它定义了 100Base-T 媒体接入控制方式和相关物理层规范。

● IEEE 802.3z：它定义了 1000Base-X 媒体接入控制方式和相关物理层规范。

● IEEE 802.3ae：它定义了 10GBase-X 媒体接入控制方式和相关物理层规范。

（4）IEEE 802.4：它定义了 Token-Bus 媒体接入控制方式和相关物理层规范。

（5）IEEE 802.5：它定义了 Token-Ring 媒体接入控制方式和相关物理层规范。

（6）IEEE 802.6：它定义了城域网（MAN）的媒体接入控制方式和相关物理层规范。

（7）IEEE 802.7：它定义了宽带网媒体接入控制方式和相关物理层规范。

（8）IEEE 802.8：它定义了 FDDI 媒体接入控制方式和相关物理层规范。

（9）IEEE 802.9：它定义了综合语音、数据局域网技术。

（10）IEEE 802.10：它定义了局域网网络安全标准。

（11）IEEE 802.11：它定义了无线局域网媒体接入控制方式和相关物理层规范。

IEEE 802 标准实际上是一个由一系列协议组成的标准体系。随着局域网技术的发展，该体系在不断地增加新的标准和协议，如关于 IEEE 802.3 家族就随着以太网技术的发展出现了许多新的成员，如 IEEE 802.3u、IEEE 802.3ab 和 IEEE 802.3z 等。

3. 局域网访问控制方式

局域网上的计算机通过物理传输通道相连，进行安全可靠数据传输，网络上的所有设备必须遵循一定的规则，才能确保传输媒体的正常访问和使用。从控制方式角度，局域网的访问控制方式可以分集中式控制和分布式控制两大类，目前，网络技术基本上采用分布式控制方式。分布式控制方法的分类中最常用的三种有具有冲突检测的载波监听多路访问 CSMA/CD（Carrier Sense Multiple Access/Collision Detection）、控制令牌（Control Token）及时槽环（Slotted Ring）。

（1）具有冲突检测的载波监听多路访问 CSMA/CD

具有冲突检测的载波监听多路访问 CSMA/CD 采用随机访问和竞争技术，这种技术只用于总线拓扑结构网络。CSMA/CD 结构将所有的设备都直接连到同一条物理信道上，该信道负责任何两个设备之间的全部数据传送，因此称信道是以"多路访问"方式进行操作的。站点以帧的形式发送数据，帧的头部含有目的和源点的地址。帧在信道上以广播方式传输，所有连接在信道上的设备随时都能检测到该帧。当目的地站点检测到目的地址为本站地址的帧时，就接收帧中所携带的数据，并按规定的链路协议给源站点返回一个响应。

其工作原理：要发送数据的站点，先监听电缆，如果线路忙，就等待，直到线路空为止；否则，立即发送数据。在发送数据时，边监听边发送，若检测到冲突信号，所有冲突站点都停止数据发送，等待一个随机时间后，再重新尝试发送。

（2）令牌环媒体访问控制

总线网络数据传输采用广播方式，响应快，但容易产生冲突。令牌环在物理上是一个由一系列环接口和这些接口间的点—点链路构成的闭合环路，各站点通过环接口连到网上，此结构网络为了解决竞争，使用一个称为令牌（Token）的特殊比特模式，使其沿着环路循环。规定只有获得令牌的站点才有权发送数据帧，完成数据发送后立即释放令牌以供其他站点使用。由于环路中只有一个令牌，因此任何时刻至多只有一个站点发送数据，不会产生冲突。而且，令牌环上各站点均有相同的机会公平地获取令牌。

令牌环的操作过程如下。

① 网络空闲时，只有一个令牌在环路上绕行。令牌是一个特殊的比特模式，其中包含一位"令牌/数据帧"标志位，标志位为"0"表示该令牌为可用的空令牌，标志位为"1"表示有站点正占用令牌在发送数据帧。

② 当一个站点要发送数据时，必须等待并获得一个令牌，将令牌的标志位置为"1"，随后便可发送数据。

③ 环路中的每个站点边转发数据，边检查数据帧中的目的地址，若为本站点的地址，便读取其中所携带的数据。

④ 数据帧绕环一周返回时，发送站将其从环路上撤销。同时根据返回的有关信息确定所传数据有无出错。若有错则重发存于缓冲区中的待确认帧，否则释放缓冲区中的待确认帧。

⑤ 发送站点完成数据发送后，重新产生一个令牌传至下一个站点，以使其他站点获得发送数据帧的许可权。

子任务 5　了解局域网组成

局域网由网络硬件和网络软件两部分组成。网络硬件主要有服务器、工作站、传输介质和网络连接部件等。网络软件包括网络操作系统、控制信息传输的网络协议及相应的协议软件、大量的网络应用软件等。图 2-2 所示是一种比较常见的局域网。

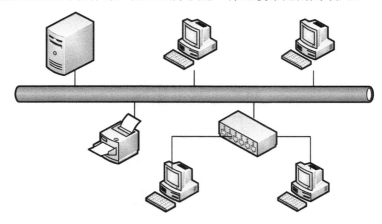

图 2-2　一个常见的局域网

一、局域网硬件

服务器可分为文件服务器、打印服务器、通信服务器、数据库服务器等。文件服务器是局域网上最基本的服务器，用来管理局域网内的文件资源；打印服务器则为用户提供网络共享打印服务；通信服务器主要负责本地局域网与其他局域网、主机系统或远程工作站的通信；而数据库服务器则是为用户提供数据库检索、更新等服务。

工作站（Workstation）又称为客户机（Clients），可以是一般的个人计算机，也可以是专用计算机，如图形工作站等。工作站可以有自己的操作系统，独立工作；通过运行工作站的网络软件可以访问服务器的共享资源，目前常见的工作站有 Windows 2000 工作站和 Linux 工作站。

工作站和服务器之间的连接通过传输介质和网络连接部件来实现。网络连接部件主要包括网卡、中继器、集线器和交换机等，如图 2-3 所示。

网卡　　　　　中继器　　　　　交换机　　　　　集线器

图 2-3　网络连接部件

网卡是工作站与网络的接口部件。它除了作为工作站连接入网的物理接口外，还控制数据帧的发送和接收（相当于物理层和数据链路层功能）。

集线器又称为 HUB，能够将多条线路的端点集中连接在一起。集线器可分为无源和有源两种。无源集线器只负责将多条线路连接在一起，不对信号作任何处理。有源集线器具有信号处理和信号放大功能。

交换机采用交换方式进行工作，能够将多条线路的端点集中连接在一起，并支持端口工作站之间的多个并发连接，实现多个工作站之间数据的并发传输，可以增加局域网带宽，改善局域网的性能和服务质量。与集线器不同的是，集线器多采用广播方式工作，接到同一集线器的所有工作站都共享同一速率，而接到同一交换机的所有工作站都独享同一速率，如图 2-4 所示。

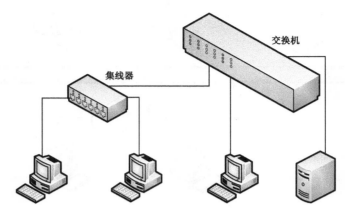

图 2-4　交换式以太网示例

二、局域网软件

（1）网络操作系统（NOS）是网络的心脏和灵魂，是向网络计算机提供服务的特殊的操作系统。它在计算机操作系统下工作，使计算机操作系统增加了网络操作所需要的能力。

（2）网络通信协议指的是连接不同操作系统和不同硬件体系结构的互联网络引提供通信支持，是一种网络通用语言。局域网常见的 3 种通信协议分别是 TCP/IP 协议、NetBEUI 协议和 IPX/SPX 协议。

（3）网络应用软件是软件开发者根据网络用户的需要，开发出来的各种应用软件的统称。例如在局域网环境中使用的 Office 办公套件、局域网聊天工具、网络支付软件等。

任务 6　制作线缆

子任务 1　认识线缆

传输介质是传输数据信号、连接各网络站点的实体。网络的传输介质分为有线传输介质和无线传输介质，有线传输介质包括双绞线、光纤及目前很少使用同轴电缆，无线传输介质包括激光、微波等。这些传输介质的特点不同，因而使用网络技术不同，应用场合不同。

下面简要介绍几种常用的传输介质。

一、有线传输介质

图 2-5　同轴电缆

1．同轴电缆

同轴电缆的芯线为铜质导线，外包一层绝缘材料，再外一层是由细铜丝组成的网状导体，最外层是塑料保护膜，芯线和网状导体同轴，故名同轴电缆，如图 2-5 所示。

按直径的不同，可分为粗缆和细缆两种。

粗缆传输距离长，性能好但成本高，网络安装、维护困难，一般用于大型局域网的干线，连接时两端需要终接器。

粗缆与外部收发器相连，收发器与网卡之间用 AUI 电缆相连。网卡必须有 AUI 接口（15针 D 型接口），每段 500m，100 个用户，4 个中继器可达 2500m，收发器之间最小 2.5m，收发器电缆最大 50m。

细缆与 BNC 网卡相连，两端装 50Ω 的终端电阻。细缆网络每段干线长度最大为 185m，每段干线最多接入 30 个用户。如采用 4 个中继器连接 5 个网段，网络最大距离可达 925m。

细缆安装较容易，造价较低，但日常维护不方便，一旦一个用户出故障，便会影响其他用户的正常工作。

根据传输频带的不同，可分为基带同轴电缆和宽带同轴电缆两种类型。

基带：数字信号，信号占整个信道，同一时间内只能传送一种信号。

宽带：可传送不同频率的信号。

2. 光纤

光纤由一组光导纤维组成，是用来传播光束细小而柔韧的传输介质，如图 2-6 所示。光纤运用光学原理，由光发送机产生光束，将电信号变为光信号，再把光信号导入光纤，在另一端由光接收机接收光纤上传来的光信号，并把它变为电信号，经解码后再处理。与其他传输介质比较，光纤的电磁绝缘性能好、信号衰小、频带宽、传输速度快、传输距离远等特点，主要用于要求传输距离较长、布线条件特殊的主干网。

光纤分为单模光纤和多模光纤。

单模光纤：由激光作光源，仅有一条光通路，传输距离长，在 2km 以上。

多模光纤：由二极管发光，低速短距离，在 2km 以内。

3. 双绞线

双绞线是网络工程中最常用的一种传输介质，如图 2-7 所示，用来传输模拟信号和数字信号，主要运用于较短距离的信息传输。

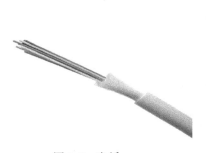

图 2-6　光纤　　　　　　　　　　　　　　图 2-7　双绞线

（1）双绞线的类型

双绞线分为非屏蔽双绞线（Unshilded Twisted Pair，UTP）和屏蔽双绞线（Shielded Twisted Pair，STP）。STP 外面由一层金属材料包裹，以减小辐射，防止信息被窃听，同时具有较高的数据传输速率，但价格较高，安装比较复杂。UTP 无金属屏蔽材料，只有一层绝缘胶皮包裹，价格相对便宜，组网灵活。除某些特殊场合（如受电磁辐射严重、对传输质量要求较高）在布线中使用 STP 外，一般情况下都采用 UTP。

（2）双绞线的组成

双绞线是局域网布线中最常用到的一种传输介质，尤其在星型网络拓扑中，双绞线是必不可少的布线材料。双绞线由两根具有绝缘保护层的铜导线组成，两根绝缘的铜导线按一定密度互相绞在一起，可降低信号干扰的程度，一根导线在传输中辐射的电波会被另一根导线上发出的电波抵消。

双绞线一般由两根 22-26 号绝缘铜导线相互缠绕而成，每根铜导线的绝缘层上分别涂有不同的颜色，以示区别。如果把一对或多对双绞线放在一个绝缘套管中便成了双绞线电缆。在双绞线电缆（又称为双扭线电缆）内，不同线对具有不同的扭绞长度，一般地说，扭绞长度在 38.1mm～14cm 内，按逆时针方向扭绞，相邻线对的扭绞长度在 12.8cm 以上。与其他传输介质相比，双绞线在传输距离、信道宽度和数据传输速度等方面均受到一定限制，但价格较为低廉。

为了便于安装和管理，用于组网的双绞线每对都有颜色标志，分别为橙、白橙、绿、白绿、蓝、白蓝和棕、白棕。

（3）双绞线的规格型号

双绞线种类有 6 种，最近有人提出 7 类，对于这几种双绞线的技术指标，得到公认的只有从 3 类到超 5 类。目前市场上常用的双绞线是 5 类和超 5 类，5 类线主要是针对 100Mbps 网络提出的，该标准最为成熟，也是当今市场的主流。

第 1 类：主要用于传输语音（1 类标准主要用于 20 世纪 80 年代初之前的电话线缆），不用于数据传输。

第 2 类：传输频率为 1MHz，用于语音传输和最高传输速率 4Mbps 的数据传输，常见于使用 4Mbps 规范令牌传递协议的旧的令牌网。

第 3 类：在 ANSI 和 EIA/TIA568 标准中指定的电缆。该电缆的传输频率为 16MHz，用于语音传输及最高传输速率为 10Mbps 的数据传输，主要用于 10Base-T。

第 4 类：传输频率为 20MHz，用于语音传输和最高传输速率 16Mbps 的数据传输，主要用于基于令牌的局域网和 10Base-T/100Base-T。

第 5 类：该类电缆增加了绕线密度，外套一种高质量的绝缘材料，传输频率为 100MHz，用于语音传输和最高传输速率为 100Mbps 的数据传输，主要用于 100Base-T 和 10Base-T 网络，这是最常用的以太网电缆。

超 5 类：具有衰减小，串扰少的特点，并且具有更高的衰减与串扰的比值（ACR）和信噪比（Structural Return Loss）、更小的时延误差，性能得到很大提高。超 5 类线主要用于千兆位以太网（1000Mbps）。

第 6 类：该类电缆的传输频率为 1～250MHz，它提供 2 倍于超五类的带宽。6 类布线的传输性能远远高于超 5 类标准，最适用于传输速率高于 1Gbps 的应用。6 类与超 5 类的一个重要的不同点在于改善了在串扰及回波损耗方面的性能，对于新一代全双工的高速网络应用而言，优良的回波损耗性能是极重要的。6 类标准中取消了基本链路模型，布线标准采用星型的拓扑结构，要求布线距离：永久链路的长度不能超过 90m，信道长度不能超过 100m。

（4）双绞线的标记

我们使用的双绞线，不同生产商的产品标志可能不同，一般包括以下一些信息：双绞线类型、NEC/UL 防火测试和级别、CSA 防火测试、长度标志、生产日期、双绞线的生产商和产品号码。

如：标志 1　AVAYA-C SYSTEIMAX 1061C+ 4/24AWG CM VERIFIED UL CAT5E 31086FEET 09745.0 METERS，这些记号提供了这条双绞线的以下信息。

① AVAYA-C SYSTEMIMAX：指的是该双绞线的生产商。

② 1061C+：指的是该双绞线的产品号。

③ 4/24：说明这条双绞线是由 4 对 24 AWG 电线的线对构成。铜电缆的直径通常用 AWG（American Wire Gauge）单位来衡量。AWG 数值越小，电线直径越大，我们通常使用的双绞线均是 24AWG。

④ CM：指通信通用电缆，CM 是 NEC（美国国家电气规程）中防火耐烟等级中的一种。

⑤ VERIFIED UL　：说明双绞线满足 UL（Underwriters Laboratories Inc.保险业者实验室）的标准要求（UL 成立于 1984 年，是一家非营利的独立组织，致力于产品的安全性测试和认证）。

⑥ CAT 5E：指该双绞线通过 UL 测试，达到超 5 类标准。

⑦ 31086FEET 09745.0 METERS 鳃：表示生产这条双绞线时的长度点。这个标记在人们购买双绞线时非常实用。如果想知道一箱双绞线的长度，可以找到双绞线的头部和尾部的长度标记相减后得出。1ft 等于 0.3048m，有的双绞线以米作为单位。

又如：标志 2　AMP NETCONNECT ENHANCED CATEGORY 5 CABLE E138034 1300 24AWGUL CMR/MPR OR CUL CMG/MPG VERIFIEDUL CAT 5 1347204FT 9853

除了和第一条相同的标志外，还有以下信息。

① ENHANCED CATEGORY 5 CABLE　：表示该双绞线属于超 5 类。

② E138034 1300：代表其产品号。

③ CMR/MPR、CMG/MPG：表示该双绞线的类型。

④ CUL　：表示双绞线同时还符合加拿大的标准。

⑤ 1347204FT：双绞线的长度点，FT 为英尺缩写。

⑥ 9853：指的是制造厂的生产日期，这里是 1998 年第 53 周。

（5）双绞线的线序

在 EIA / TIA 布线标准中规定了双绞线的两种线序 568A 与 568B。它们定义的 RJ-45 插头各引脚与双绞线各线对排列的线序如下。

568A 标准：

绿白—1，绿—2，橙白—3，蓝—4，蓝白—5，橙—6，棕白—7，棕—8。

568B 标准：

橙白—1，橙—2，绿白—3，蓝—4，蓝白—5，绿—6，棕白—7，棕—8。

注：这里的 1、2、3、4、5、6、7、8 分别是指 RJ-45 水晶头上引脚序号。

二、无线传输介质

前面介绍的双绞线、同轴电缆和光纤等传输介质属于有线传输介质，另一类通过空气传播信号的传输介质称为无线传输介质。无线传输介质包括微波、红外和短波。

1. 微波

微波通信系统可分为地面微波系统和卫星微波系统，两者功能相似，但通信能力有很大差别。地面微波同视距范围内的两个互相对准方向的抛物面天线组成，长距离通信则需要多个中继站组成微波中继链路。通信卫星可看作是悬在太空中的微波中继站。卫星上的转发器把波束对准地球上的一定区域，在此区域中的卫星地面站之间就可互相通信。

2. 红外线

红外线传输系统利用墙壁或屋顶反射红外线从而形成整个房间内的广播通信系统。这种系统所用的红外光发射器和接收器与光纤通信中使用的类型相同。也常见于电视机的遥控装置中。红外通信的设备相对便宜，可获得高的带宽，这是其优点。其缺点是传输距离有限而且受室内空气状态的影响。

3. 短波信道

无线电波是指在自由空间（包括空气和真空）传播的射频频段的电磁波。无线电技术是通过无线电波传播声音或其他信号的技术。无线电短波通信早已用在计算机网络中了，已经建成的无线通信局域网使用了甚高频 VHF（30～300MHz）和超高频 SHF（3～30GHz）的电视广播频段，这个频段的电磁波以直线方式在视距范围内传播，所以用于局部地区的通信很适宜。

子任务 2　认识水晶头和工具

前面提及局域网中最常用的传输介质是双绞线，双绞线制作的质量决定网络内数据传输的好坏，而质量好的数据线，除了需要购买性能好的网线外，还需要做优质的 RJ-45 水晶头及网线专用工具。

一、RJ-45 压线钳

目前，市场上的 RJ-45 的压线钳主要有两种样式。

一种是普通的压线钳，能够用来剪线、剥线皮和压制水晶头，如图 2-8 所示。

另一种是高级压线钳，使用它压制的跳线成功率大，并且带助力，自动卡锁，如图 2-9 所示。如果金属没有压到底，钳把就不能打开，只能继续用力压制，最后得到满意的插头。

图 2-8　普通 RJ-45 压线钳　　　　　　　　图 2-9　高级 RJ-45 压线钳

在选用 RJ-45 压线钳时应该注意以下几点。

（1）用于剥线的金属刀片一定要锋利耐用，用它切出的端口应该是平整的，刀口的距离要适中，否则影响剥线。

（2）压制 RJ-45 插头的插槽应该标准，如果压不到底会影响网络传输的速度和质量。

（3）网线钳的簧丝弹性要好，压下后应该能够迅速弹起。

二、RJ-45 插头

RJ-45 插头是用来连接网线和网络设备（如网卡、交换机等）的必备部件，如图 2-10 所示，因为其外表晶莹透明酷似水晶，因此通常被人们称为水晶头。RJ-45 插头只能沿固定方向插入到网络设备中，并且自带的弹簧卡能防止脱落。RJ-45 插头一般由硬塑料制作而成，内部嵌有铜质金属触脚来连接双绞线和网络设备的 RJ-45 接口。

图 2-10　水晶头

水晶头虽小，但不能小看，有些网络故障就是因为水晶头质量造成的，差质量的水晶头塑料扣位不紧（通常是变形所致），容易造成接触不良，网络中断。因此在选购 RJ-45 插头时一定要选择质量过硬的品牌产品（如 AMP、AVAYA 等），这些品牌的产品做工优良，拥有较好的电器性能和物理性能，能最大限度地提高制作成功率和减少故障。选购 RJ-45 插头时应注意以下几点。

首先，观察塑料外壳。RJ-45 插头的塑料外壳应该具有较好的硬度和透明度，并且弹簧卡有较好的弹性和韧性，这些性能可以通过观察和按压来判断。

然后，观察内部金属触脚。RJ-45 插头的内部金属触脚应该排列整齐、清晰可见，最重要的是不能出现锈迹。

三、切线钳

切线钳，如图 2-11 所示，主要是用来裁切适当长度的双绞线，除去双绞线的外皮及修剪双绞线的内线，也可选用剪刀代替。

四、网络测试仪

网络测试仪，如图 2-12 所示，用来检测 RJ-45 插头是否连通。网络测试仪一组有两个，一个为信号发射器，另一个为信号接收器，双方各有 8 个 LED 灯及至少一个 RJ-45 插槽。

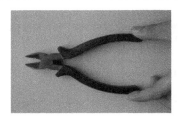

图 2-11　切线钳

图 2-12　网络测试仪

子任务 3　制作双绞线

双绞线常用于双机直连和多机互联，因此双绞线的制作也不同。遵循的原则是计算机等网络设备连接交换机使用直通线。直通线是指双绞线两端的 RJ-45 连接头与双绞线的连接均按 T568B 标准制作，即双绞线两端的线序排列一致，排列规则如下。

两端都是：白橙—橙—白绿—蓝—白蓝—绿—白棕—棕。

而同种设备或同种接口之间的级联（如交换机之间使用普通接口级联）时，使用交叉线连接。交叉线制作时双绞线两端的 RJ-45 连接头，一头按 T568A 标准制作，另一头按 T568B 标准制作，排列规则如下。

一端：　白橙—橙—白绿—蓝—白蓝—绿—白棕—棕。

另一端：白绿—绿—白橙—蓝—白蓝—橙—白棕—棕。

水晶头排线示意图如图 2-13 所示。

RJ-45接头

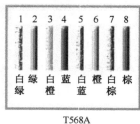

T568A　　　　　T568B

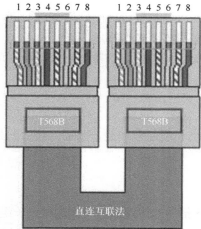

直连互联法　　　　　交叉互联法

一、直连线互联
网线的两端均按T568B接。
1.计算机 ←→ ADSL猫。
2.ADSL←→猫ADSL路由器的WAN口。
3.计算机 ←→ ADSL路由器的LAN口。
4.计算机 ←→ 集线器或交换机。

二、交叉互联
网线的一端均按T568B接，另一端按T568A接。
1.计算机 ←→ 计算机，即对等网连接。
2.集线器 ←→ 集线器。
3.交换机 ←→ 交换机。
4.路由器 ←→ 路由器。

图 2-13　水晶头排线示意图

具体的制作步骤如下。

第一步，剥线。

拿着网线一端 3～5cm 处，放入压线钳圆形刀口处，稍用力压住手柄使压线钳在网线的垂直方向上来回旋转 60°左右（注意一定要小心，不要将里面的线对扭断），这样就可将双绞线的外皮剪断而又不伤及到内部的线对，如图 2-14 所示。

第二步，理线。

然后依次拆开每对线，按标准线序（白橙、橙、白绿、蓝、白蓝、绿、白棕、棕）理好 8 根内导线，注意每根线都要理直，顺序不能乱，如图 2-15 所示。

 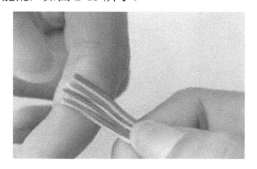

图 2-14　剥线示意图　　　　　　　图 2-15　理线示意图

第三步，切线。

将 8 根内线头端剪齐，裸露部分长度在 1～1.4cm。注意长度，不能太长也不能太短，然后按照上面介绍的不同排列顺序重新整理好线对，并排列整齐，再用切线钳或压线钳前面的刀口剪齐，如图 2-16 所示。

图 2-16　切线示意图

第四步，连接。

水晶头有塑料弹片的一面朝下，小心将全部线对塞入水晶头的引脚里，仔细检查，一定要确保每根线都插入底部，如图 2-17 所示。

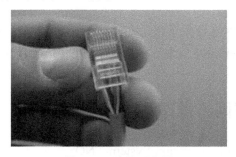

图 2-17　连接示意图

第五步，压线。

最后，将水晶头放入压线钳的压线口，用力压紧网线钳的手柄，如图 2-18 所示，当听到轻微的一声响表示安装到位。一定使 RJ-45 水晶头金属针脚充分接触到双绞线的芯线，并注意水晶头和网线之间的连接情况，如果双绞线的 8 根内线露出太多，信号不稳定，网线还会容易断开。

 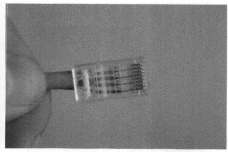

图 2-18　压线示意图

第六步，测线。

在双绞线制作完成后，一般都要使用专门的测试仪来测试线缆的连通性。

一般是使用专用的网线测试仪，如图 2-19 所示，将连线两端的水晶头分别插入测试仪的两个测试插座内进行测试，根据测试仪的指示灯亮灭情况判断该连线的连通性。如果线缆测试有问题，则需要剪去 RJ-45 接头，重新制作。使用方法：将网线两端的水晶头分别插入主测试仪和远程测试端的 RJ-45 端口，将开关开至 "ON"（S 为慢速挡），主机指示灯从 1 至 8 逐个顺序闪亮，表示网线连接没有问题。如果网线中有几根导线发生断路，则主测试端和远程测试端相应线号的指示灯会不亮。

图 2-19　网线测试仪测试网线

另一种方法是使用万用表进行测试，根据测试线缆两端 RJ-45 的相应针脚间的电阻来判定连线两端相应两点的导通情况。

任务 7　安装配置网络操作系统

组建计算网络离不开网络操作系统。Windows 操作系统一直受到广大用户的青睐，本任务通过对 Windows Server 2003 安装、环境配置和使用来认识网络操作系统，最后能够熟练使用。

子任务 1　认识网络操作系统

网络操作系统（Network Operation System，NOS）是网络的心脏和灵魂，是向网络计算机提供服务的特殊的操作系统。在计算机网络上配置网络操作系统 NOS，是为了管理网络中的共享资源，实现用户通信，以及方便用户使用网络，因而网络操作系统是作为网络用户与网络系统之间的接口。网络操作系统提供必要的网络连接支持，能够连接不同结构不同操作系统的网络，能够支持各种的网络协议（如 TCP/IP）和应用协议（如 HTTP），支持与多种客户端操作系统平台的连接，最大限度保障用户的投资。

网络操作系统功能包括操作系统的基本功能（处理机管理、存储器管理、设备管理、文件系统管理，以及为了方便用户使用操作系统向用户提供的用户接口），还有网络环境下的通信、网络资源管理、网络应用等特定功能。这些特定功能具体含义如下。

1. 网络通信

这是网络最基本的功能，其任务是在源主机和目标主机之间，实现无差错的数据传输。

2. 资源管理

对网络中的共享资源（硬件和软件）实施有效的管理、协调各用户对共享资源的使用，保证数据的安全性和一致性。

3. 网络服务

包括电子邮件服务、文件传输、存取和管理服务、共享硬盘服务、共享打印服务等。

4. 网络管理

网络管理最主要的任务是安全管理，一般通过"存取控制"来确保存取数据的安全性，以及通过"容错技术"来保证系统故障时数据的安全性。

5. 互操作能力

所谓互操作，在客户/服务器模式的 LAN 环境下，是指连接在服务器上的多种客户机和主机，不仅能与服务器通信，而且还能以透明的方式访问服务器上的文件系统。

下面将常见的网络操作系统进行逐一介绍。

一、Windows 网络操作系统

Windows 操作系统是全球最大的软件开发商——Microsoft（微软）公司开发的，是一种界面友好、操作简便的网络操作系统。微软公司的 Windows 系统不仅在个人操作系统中占有绝对优势，它在网络操作系统中也是具有非常强劲的力量。这类操作系统配置在整个局域网配置中是最常见的，但由于它对服务器的硬件要求较高，且稳定性能不是很高，所以微软的网络操作系统一般只是用在中低档服务器中，高端服务器通常采用 UNIX、Linux 或 Solaris 等非 Windows 操作系统。

在局域网中，微软的网络操作系统主要有 Windows NT 4.0 Serve、Windows 2000 Server/Advance Server、Windows Server 2003 / Advance Server 等，工作站系统可以采用任一 Windows 或非 Windows 操作系统，包括个人操作系统，如 Windows 9x/Me/XP 等。

目前，使用最多的要属 Windows Server 2003 操作系统了，它更易用、更稳定、更安全、更强大。它集成了功能强大的应用程序环境，以及开发全新的 XML Web 服务和改进的应用程序，这些程序将会显著提高进程效率，更好地提高企业的整体效率。

二、NetWare 操作系统

1983 年，伴随着 Novell 公司的面世，NetWare 局域网操作系统就出现了。现在尽管

NetWare 操作系统远不如早几年那么风光，但是 NetWare 操作系统仍以对网络硬件的要求较低（工作站只要是 286 机就可以了）而受到一些设备比较落后的中、小型企业，特别是学校的青睐。

NetWare 3.12、4.11 两个版本使用较广泛，1998 年 Novell 公司发布了 NetWare 5 版本，后又发布了 NetWare 6。NetWare 兼容 DOS 命令，其应用环境与 DOS 相似，经过长时间的发展，具有相当丰富的应用软件支持，技术完善、可靠，并提供"共享文件存取"和"打印"功能，使多台 PC 可以通过局域网同文件服务器连接起来，共享大硬盘和打印机。

目前，这种操作系统市场占有率呈下降趋势，而被 Windows NT/2000 和 Linux 系统瓜分了。

三、UNIX 网络操作系统

UNIX 系统是一个强大的多用户、多任务、支持多种处理器架构的操作系统。在 1969 年由 AT&T 的贝尔实验室开发，迄今为止已有 40 年的历史，它始终是主流的服务器操作系统之一。UNIX 拥有成熟的技术，具有良好的可靠性、稳定性、健壮性、伸缩性、扩展性和安全性等优秀特性，所以，一直广泛应用于中高端的服务器，长期受到计算机界的支持和欢迎。

UNIX 网络操作系统的版本有 AT&T 和 SCO 的 UNIX SVR3.2、SVR4.0 和 SVR4.2 等。UNIX 本是针对小型机主机环境开发的操作系统，是一种集中式分时多用户体系结构，因其体系结构不够合理，UNIX 的市场占有率呈下降趋势。

四、Linux 网络操作系统

1991 年 8 月一位芬兰赫尔辛基大学的年轻人 Linus Benedict Torvalds，对外发布了一套全新的操作系统，这就是最初的 Linux 网络操作系统。后来经过世界众多的顶尖软件工程师不断地修改和完善，才使得 Linux 技术越来越强大，以至于在全球普及。它的最大的特点就是源代码开放，可以免费得到许多应用程序，并且能够在计算机上实现全部的 UNIX 的特性，具有多任务、多用户的能力。

目前，中文版本的 Linux 有 Red Hat（红帽子）和红旗 Linux 等。Linux 在国内得到了用户充分的肯定，主要体现在它的安全性和稳定性方面，它与 UNIX 有许多类似之处。这类操作系统目前仍主要应用于中、高档服务器中。

总的来说，对特定计算环境的支持使得每一个操作系统都有适合于自己的工作场合，这就是系统对特定计算环境的支持，Windows XP Professional 适用于桌面计算机，Linux 目前较适用于小型的网络，而 Windows Server 2003 和 UNIX 则适用于大型服务器应用程序。因此，对于不同的网络应用，需要有目的地选择合适的网络操作系统。

子任务 2　安装网络操作系统

Windows Server 2003 作为微软推出的最新一代的操作系统，不仅在功能上比原来的 Windows 2000 有了很大的提升，更重要的是，Windows 2003 提供了更多的安全特性。下面以安装 Windows Server 2003 为例了解网络操作系统的安装。

一、Windows Server 2003 的安装准备

安装 Windows Server 2003 的过程虽然比较简单，但是作为服务器端的核心管理软件，要确保企业的服务器符合 Windows Server 2003 的推荐需求。另外，还要保证计算机硬件符合兼容性的要求。

硬件最低要求及建议标准如下。

（1）CPU：最小速度为 233MHz，推荐 733MHz 以上。

（2）内存：最小拥有 128MB，推荐 256MB 以上。

（3）硬盘：1.5GB 或 2GB，建议根据实际需要配置大容量硬盘。

Windows Server 2003 的安装一般采用两种方式：全新安装、升级安装。

全新安装将删除计算机上的原来的操作系统，或者在没有安装操作系统的硬盘或分区上进行安装。Windows Server 2003 支持从光盘安装或从局域网络安装。从光盘安装时，应当选择 24 倍速以上的 CD-ROM 驱动器或 4 倍速以上的 DVD-ROM 驱动器，这将确定可以快速地从光盘中读出安装程序。从局域网络安装时，将需要一些额外的硬盘空间，一般有 200～300MB 就可以了。另外，还应该采用与 Windows Server 2003 兼容的网络接口卡和配套的网线。

升级安装意味着 Windows Server 2003 安装在现有的操作系统上，在较短的时间内进行升级安装，配置简单，原有的设置、用户、组、权限都将被保留，而且，原来安装的许多应用软件也无需重新安装，硬盘上的用户数据也将被保存。鉴于这些优点，许多用户更倾向于采用升级安装 Windows Server 2003。

下面选择全新安装介绍 Windows Server 2003 的安装，在安装过程中，Windows Server 2003 可以自动完成硬件的检测、安装、配置等相关工作。

二、安装 Windows Server 2003 标准版

全新安装过程分为提示您输入信息、复制文件和重新启动三个阶段，当出现"管理您的服务器"屏幕时，安装程序已经结束，接下来用户可以根据要求配置特定的需求。整个安装过程由 Windows Server 2003 的安装向导指导着用户一步一步进行。安装步骤如下。

（1）首先修改 BIOS 中的启动参数，将首个启动盘设置为 CD-ROM，保存设置。

（2）将 Windows Server 2003 安装光盘插入光驱，重新启动。启动后，系统首先要读取必需的启动文件。接下来询问用户是否安装此操作系统，按 Enter 键确定安装，按 R 键进行修复，按 F3 键退出安装，如图 2-20 所示。

（3）按下 Enter 键确认安装，接下来出现软件的授权协议，如图 2-21 所示。按 F8 键接受协议。

（4）接收协议后，出现显示硬盘信息屏幕如图 2-22 所示，将允许用户在现有的磁盘分区和尚未划分的空间内进行选择。可以创建、删除分区，选定需要安装的分区，按 Enter 键。

（5）选定分区后，系统会询问用户把分区格式化成哪种分区格式，建议格式化为 NTFS 格式；对于已经格式化的磁盘，软件会询问用户是保持现有的分区还是重新将分区修改为 NTFS 或 FAT 格式的分区，同样建议修改为 NTFS 格式分区，如图 2-23 所示。

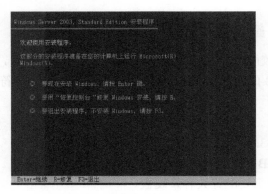

图 2-20　安装欢迎界面

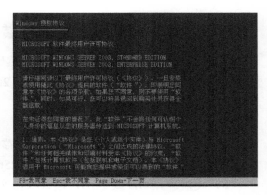

图 2-21　许可协议

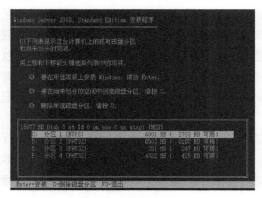

图 2-22　显示硬盘情况

图 2-23　选定文件系统格式化硬盘

（6）为分区选择文件系统，并进行格式化分区，如图 2-24 所示。

（7）格式化分区完成后，安装程序将把安装文件复制到计算机内，之后开始初始化 Windows 配置，如图 2-25 所示。

图 2-24　磁盘格式化

图 2-25　复制操作系统文件

（8）当安装文件复制完毕后，需要重新启动计算机，或者等待一段时间让计算机自动重启，如图 2-26 所示。

（9）系统重新启动后，会进入如图 2-27 所示的图形界面，该步以后所有的操作都是在图形界面下进行的。

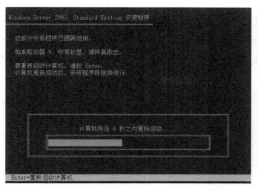

图 2-26　重新启动计算机

图 2-27　图形化界面

（10）选择"区域和语言选项"，如图 2-28 所示，一般情况使用默认设置，如果确实要选择不同的区域，可以单击"自定义"按钮；单击"详细信息"按钮可以修改语言和输入法等选项，然后单击"下一步"按钮。

（11）输入用户的姓名和单位名称，如图 2-29 所示，输入完毕后单击"下一步"按钮。

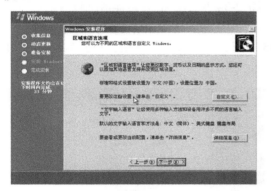

图 2-28　区域和语言选项

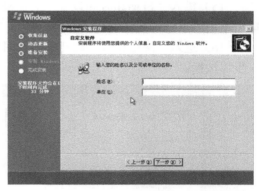

图 2-29　个人信息输入

（12）进入"您的产品密钥"对话框，如图 2-30 所示。根据购买系统时软件购买商的提示输入产品序列号，然后单击"下一步"按钮。

（13）进入"授权模式"对话框，如图 2-31 所示，选择授权模式及同时连接数，然后单击"下一步"按钮。

图 2-30　输入产品密钥

图 2-31　选择授权模式

（14）进入"计算机名称和管理员密码"对话框，如图 2-32 所示。用户根据具体情况填写。注意密码的设置注意事项，如图 2-33 所示，管理员密码一定要安全、难猜，密码的长度尽量不要少于 8 位，内容也不要使用个人信息相关资料。设置完后单击"下一步"按钮。

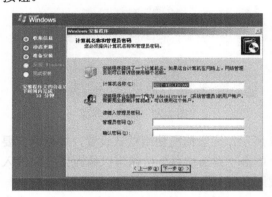

图 2-32　输入计算机名称和管理员密码　　　　　图 2-33　密码设置注意事项

（15）进入"日期和时间设置"对话框，如图 2-34 所示。根据具体情况设置时间和日期后单击"下一步"按钮。

（16）进入"网络设置"对话框，如图 2-35 所示。推荐采用"自定义设置"，单击"下一步"按钮。

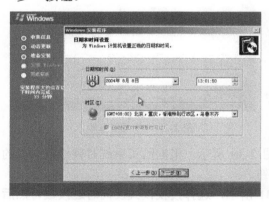
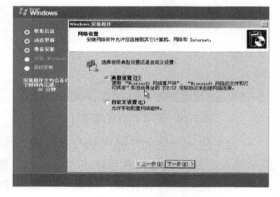

图 2-34　日期和时间设置　　　　　　　　　　图 2-35　网络设置

（17）进入"工作组或计算机域"对话框，如图 2-36 所示。通过该界面来设置计算机的工作组或域，根据实际情况选择，单击"下一步"按钮。

（18）系统开始复制文件，如图 2-37 所示，并按照上述操作的配置参数进行设定。最后，系统会自动重新启动计算机。

（19）系统安装完毕后，显示"欢迎使用 Windows"对话框，按屏幕提示同时按Ctrl+Alt+Delete 组合键就可以登录系统了。

（20）打开"登录到 Windows"对话框，输入超级用户密码，如图 2-38 所示，登录到 Windows Server 2003 操作系统，如图 2-39 所示，这时就可以对网络操作系统进行相关配置。

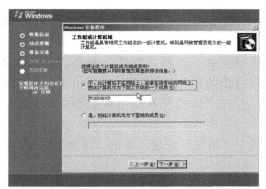

图 2-36　工作组或计算机域

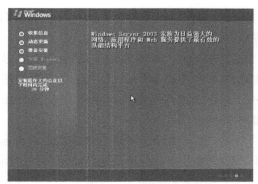

图 2-37　复制文件

图 2-38　Windows 登录框

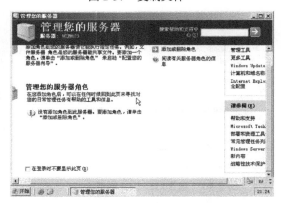

图 2-39　Windows Server 2003 界面

子任务 3　配置网络操作系统

Windows Server 2003 集成了几乎所有用户可能用到的功能与服务，使用该系统的用户可以方便、简单地对客户机提供服务并进行有效的管理。使用 Windows Server 2003 作为网络服务器，对该系统需要进行安装和配置，其中最为重要的配置操作便是对网络组件的安装与配置。

一、安装网络协议、服务和客户

在 Windows Server 2003 的安装过程中，安装向导会自动进行硬件检测工作。如果检测到计算机上已经安装了网络适配器，则安装向导会自动为该适配器添加驱动程序，进行中断号和输入/输出地址等硬件配置工作，然后安装向导继续让用户选择如何安装配置网络组件。网络组件的安装包括：典型配置和自定义配置。通常用户可选择典型配置，以便安装向导自动为系统安装配置常用的网络组件。如果用户要更好地利用 Windows Server 2003 强大的网络功能，便需要在安装完 Windows Server 2003 后手工添加和配置其他的网络协议及服务。

1. 安装通信协议

使用网络，用户就必须安装能使网络适配器与网络正确通信的协议，协议的类型取决于所在网络的类型。可以通过下列操作在当前系统中增加通信协议。

（1）右击"网上邻居"图标，从弹出的快捷菜单中选择"属性"命令，打开"网络和拨号连接"窗口。

（2）右击"本地连接"图标，从弹出的快捷菜单中选择"属性"命令，打开"本地连接属性"对话框。在"这个连接使用下列选定的组件"列表框中列出了目前系统中已安装过的网络组件，单击"安装"按钮，打开"请选择网络组件类型"对话框，如图 2-40 所示。

（3）在"请选择网络组件类型"列表框中选中"协议"选项，单击"添加"按钮，打开"选择网络协议"对话框，如图 2-41 所示。

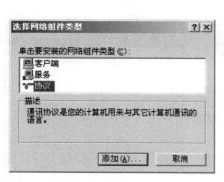

图 2-40　选择网络组件类型

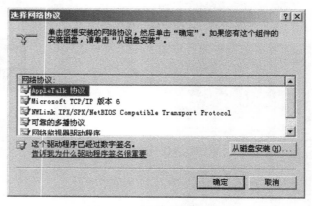

图 2-41　选择网络协议

（4）"选择网络协议"对话框中的"网络协议"列表框中列出了 Windows Server 2003 提供的组件协议在当前系统中尚未安装的部分，双击欲安装的协议。

常见的网络协议有 IPX/SPX、NetBEUI 和 TCP/IP 协议等，IPX/SPX 协议是 NetWare 客户端/服务器的协议群组，用于与 NetWare 网络操作系统通信；NetBEUI 协议是为由 20～200 台计算机组成的局域网而设计的协议，是一种快速、小巧和高效的通信协议；TCP/IP 协议是计算机连接中最常用的一种协议，是连接进入 Internet 所必须的协议。

若要添加 NetBEUI 协议，选中它后单击"确定"按钮，则 NetBEUI 协议将会被添加至"本地连接属性"列表框中。

注意：大部分网络协议在添加确定后就可直接使用，但也有部分协议需重新启动系统后才能生效。

2. 安装网络服务

Windows Server 2003 中安装了网络服务，就可以向网络中其他的用户提供优先级别不同的网络服务。安装 Windows Server 2003 时已默认安装了"Microsoft Networks 的文件和打印机服务"，系统还提供了其他类型的网络服务，用户可根据需要自行安装。

添加网络服务与添加网络协议的方法基本类似，用户可以按上面增加协议的基本步骤来操作，只是在选择要安装的网络组件类型时选择"服务"选项，然后单击"添加"按钮，将打开"选择网络服务"对话框。对话框中的"网络服务"列表框中列出了 Windows Server 2003 已经提供了但当前系统中尚未安装的网络服务选项，用户可双击欲安装的服务选项，或选中服务选项之后单击"确定"按钮来安装服务。

3. 安装网络客户

在 Windows Server 2003 的安装过程中，如果用户在选择如何配置网络组件选项时选择了典型配置，那么安装向导会自动在网络组件中安装 Microsoft、Networks 客户端组件和 NetWare 网页和客户端服务组件。如果用户还需要配置其他的网络客户组件，可在"本地连接属性"对话框中单击"安装"按钮，在"选择网络组件类型"列表框中选择"客户"选项，然后单击"添加"按钮，系统会在 Windows Server 2003 的安装源盘中寻找该组件的驱动程序。

二、添加网络组件

Windows Server 2003 家族产品含有多种核心组件，其中包括一些由安装程序自动安装的管理工具，此外，还有许多用于扩展服务器功能的可选组件。用户在安装了 Windows Server 2003 后，可能遇到这样的情况，即用户在安装系统时，没有将所有的网络服务、网络协议或网络工具组件都安装在系统中。当用户需要服务器系统启动某项管理或服务功能（如 DHCP 服务、Windows Internet 命名服务或网络监视功能）时，由于缺少网络组件使得该功能或服务无法启动。这时用户便需要重新手工为系统添加网络组件。下面介绍如何将未安装的网络组件添加到系统中。

（1）在"控制面板"窗口中双击"添加或删除程序"按钮，打开"添加删除程序"窗口。

（2）单击"添加/删除 Windows 组件"按钮，打开"Windows 组件向导"对话框，如图 2-42 所示。下面介绍几种组件的功能。

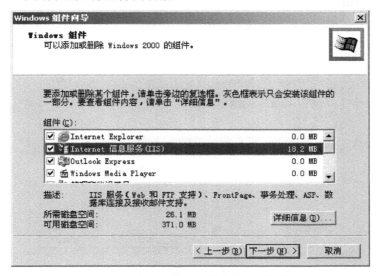

图 2-42　"Windows 组件向导"对话框

① 应用程序服务器。包括 Internet 信息服务（IIS）、ASP .NET、消息队列和相关的组件，以提供可以在上面运行企业级 Web 应用程序的统一的 Web 平台。

② 电子邮件服务。包括邮局协议 3（POP3）服务和简单邮件传输协议（SMTP）服务，添加该组件后可以在邮件服务器上使用 POP3 服务来存储和管理电子邮件账户。

③ 管理和监视工具。提供用于网络监视、通信管理和监视的工具，包括支持供远程用户使用的自定义客户端拨号程序的开发，以及支持执行从中心服务器自动更新电话簿的功

能。另外，还包括简单网络管理协议（SNMP）和 Windows Management Instrumentation（WMI）
SNMP 提供的程序。

④ 网络服务。提供重要的网络支持，如提供 Active Directory 所需的名称解析服务——域
名系统（DNS）；为服务器提供动态地向网络设备分配 IP 地址的功能的动态主机配置协议
（DHCP）；为拨号和 VPN 用户执行身份验证、授权和记账的 Internet 验证服务（IAS）；支
持 Character Generator、Daytime、Discard、Echo 及 Quote of the Day 的简单 TCP/IP 服务；
提供通常由运行 Windows NT 和 Microsoft 操作系统早期版本的客户端使用的名称解析服务
的 Windows Internet 名称服务（WINS）。

⑤ Windows Media Services。提供多媒体支持，用于通过 Intranet 或 Internet 对包括
流式音频和视频的 Windows Media 内容进行管理、传递和存档。

⑥ 终端服务器。提供在服务器上运行客户端应用程序的能力，而客户端软件充当客户
端的终端模拟器。

⑦ 证书服务。提供可自定义的服务，用于颁发并管理采用公钥技术软件安全系统中使
用的证书。

（3）Windows 组件向导会帮助用户添加或删除组件列表框中的组件。组件前的复选框
是否被选中则表明该组件是否已被安装。用户选中要安装的组件，取消要删除的组件，单
击"下一步"按钮，根据要求完成组件的配置。如我们要安装 Internet 信息服务中的 FTP
服务。在"组件"列表框中双击"Internet 信息服务（IIS）"选项，打开"Internet 信息服务
（IIS）"对话框，如图 2-43 所示。

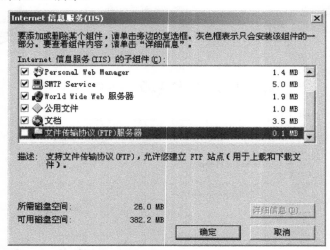

图 2-43 "Internet 信息服务（IIS）"对话框

（4）在"Internet 信息服务（IIS）"列表框中选中"文件传输协议（FTP）服务器"选
项旁边的复选框，单击"确定"按钮后系统将自动在 Windows Server 2003 的安装源盘中
查找安装组件所需的文件，如果用户仍未将安装源盘放入到光盘驱动器中，系统将自动打
开一个对话框，提示用户插入 Windows Server 2003 安装光盘。

完成网络组件的安装和配置工作后，系统将自动打开"可选网络组件"对话框，提示
用户网络组件安装已经完成。

三、 配置 TCP/IP 协议

1. TCP/IP 常规配置

在 TCP/IP 协议的配置中，最基本的设置便是为本机设定一个网络 IP 地址。因为这个 IP 地址是用户实现各种网络服务与功能的必要条件。如果用户所在网络中有 DHCP 服务器，用户可以向服务器请求一个动态的临时 IP 地址，该服务器将自动为用户分配一个与其他网络 IP 地址不重复的单独的 IP 地址。另外，用户也可以从网络管理员处索要适当的 IP 地址，然后自己手动进行设置。下面便来介绍如何设置 IP 地址及其他相关设置，具体操作步骤如下。

在"网络连接"窗口中，右击"本地连接"图标，从快捷菜单中选择"属性"选项，打开"本地连接属性"对话框。

在常规选项卡中的"此连接使用下列项目"列表框中选中"Internet 协议（TCP/IP）"组件。单击"属性"按钮，打开"常规"选项卡，用户根据本地计算机所在网络的具体情况决定是否用网络中的动态主机配置协议（DHCP）提供 IP 地址和子网掩码。如果是的话，就选中"自动获得 IP 地址"单选按钮，则用户所在网络中的 DHCP 服务器将自动分配一个 IP 地址给计算机。

如果不想通过 DHCP 服务器分配一个 IP 地址的话，则选中"使用下面的 IP 地址"单选按钮。选择手工输入 IP 地址，在"IP 地址"文本框里输入分配的 IP 地址，在"子网掩码"文本框里输入子网掩码。在"默认网关"文本框里输入路由器的 IP 地址，如图 2-44 所示。

在"使用下面的 DNS 服务器地址"的"首选 DNS 服务器"和"备用 DNS 服务器"文本框中输入相应的 IP 地址。"备用 DNS 服务器"为防止主 DNS 服务器无法正常工作时能代替主服务器为客户机提供域名服务。

设置完毕后单击"确定"按钮生效设置。

2. TCP/IP 高级配置

为本机手动配置了 IP 和网关地址后，如果用户希望为选定的网络适配器指定附加的 IP 地址和子网掩码或添加附加的网关地址，单击"高级"按钮，打开"高级 TCP/IP 设置"对话框，如图 2-45 所示。

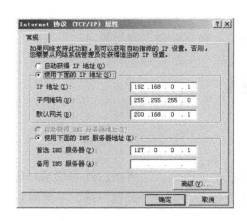
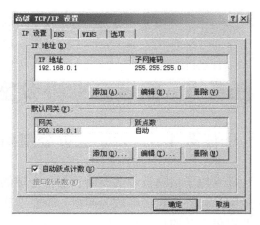

图 2-44 IP 地址配置图   图 2-45 "高级 TCP/IP 设置"对话框

如果用户希望添加新的 IP 地址和子网掩码，请单击"IP 地址"选项区域中的"添加"按钮打开"TCP/IP 地址"对话框，用户可在"IP 地址"和"子网掩码"文本框中输入新的地址，然后单击"添加"按钮，附加的 IP 地址和子网掩码将被添加到"IP 地址"列表框中。用户最多指定 5 个附加 IP 地址和子网掩码，这对于包含多个逻辑 IP 网络进行物理连接的系统很有用。

如果用户希望对已经指定的 IP 地址和子网掩码进行编辑，单击"IP 地址"选项区域中的"编辑"按钮打开"TCP/IP 地址"对话框。对话框中的"IP 地址"和"子网掩码"文本框中将显示用户曾经配置的 IP 地址和子网掩码，而且 IP 地址还处于可编辑状态。用户可以对原有的 IP 地址和子网掩码进行任意编辑。然后单击"确定"按钮以使修改生效。

在"默认网关"选项区域中用户可以对已有的网关地址进行编辑和删除，或者添加新的网关地址。

当用户完成了所有的 TCP/IP 设置后，单击"确定"按钮以使修改生效并返回到"常规"选项卡界面。

3．TCP/IP 筛选设置

通过 TCP/IP 筛选设置限制了计算机所能处理的网络通信量，特别是网络客户不能从特定的 TCP 端口和用户数据报协议（UDP）端口传输数据，而只能使用特定的网际协议来传输。这样，一方面提高了网络的安全性，另一方面也加快了网络主机的操作速度。

操作步骤如下。

在"高级 TCP/IP 设置"对话框中的"选项"窗口中的"可选的设置"列表框中选中"TCP/IP 筛选"选项，单击"属性"按钮，打开"TCP/IP 筛选"对话框，如图 2-46 所示。

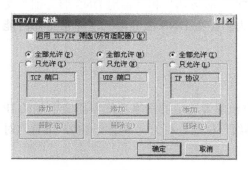

图 2-46 "TCP/IP 筛选"对话框

如果用户的主机中配置了多个网络适配器，则选中"启用 TCP/IP 筛选（所有适配器）"复选框，用户必须选中该复选框才能使 TCP/IP 筛选功能应用到所有的网络适配器。

对于初始化配置，为 TCP 端口选中"全部允许"单选按钮，为 UDP 端口选中"全部允许"单选按钮，并为 IP 协议选中"全部允许"单选按钮。单击"确定"按钮以使设置生效。

任务8　组建企业办公室网络

子任务1　认识企业办公室网络

随着电子信息技术的不断发展，全球的企业都在快速进入一个崭新的网络信息时代。企业信息化的建设已经成为衡量一个企业实力的重要标志。企业办公室网络，不但可以为企业提供高效的自动化环境，还可以有效降低企业的开销，提高企业的办公效率。

一、企业办公室网络需求分析

小型办公室局域网的网络规模通常在 50 个节点以内，是一种结构简单、应用较为单一的小型局域网，小型办公室、小型办公企业网络属于这类网络，它可以实现以下的基本功能。

1. 实现硬件资源和软件资源的共享

企业办公室内，计算机之间注重的是一种协作的关系。虽然计算机功能已很强大，但相对于打印机等设备的使用，通常还需办公室网络的共享方案。对于用户的各类软件和数据资源也可共享，这些共享资源即节省了企业大量的开支，又便于集中管理和提高效率。

2. 实现对企业用户的管理，保证企业网络的安全

在企业办公网络的内部，需要保证资料的安全性。企业内部的用户都会拥有自己的账号，通过对账号的管理，可以控制不同的用户对资源的访问。

3. 实现企业网络和外部 Internet 连接

企业办公网络用户需要与外界保持一定联系。通过将企业的网络连接 Internet，可以最大限度地方便企业和外界的沟通，不但可以降低企业的生产成本，也可实现异地办公。

二、办公室网络的组网方案

1. 网络结构

办公室企业网络通常是由少数几台交换机或集线器组成一个包括核心交换机和边缘层（接入层）交换机的双层网络结构，没有中间的骨干层和汇聚层，如图 2-47 所示。有的还可能是一个没有层次结构的单交换机网络，如图 2-48 所示，通常的网络规模在 20 个用户以内。

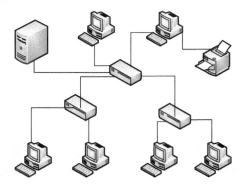

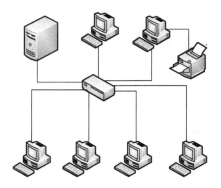

图 2-47　双层网络结构　　　　　图 2-48　单层网络结构

2. 网络速率

对于办公室企业网络，出于成本和实际应用需求考虑，不必刻意追求高、新技术，只需采用当前最普通的双绞线与千兆位核心服务器连接、百兆位到桌面的以太网接入技术即可。由于用户数量偏少、网络结构简单、自制维护能力弱等，网络环境中交换机通常选择普通的 10/100Mbps 设备，有条件特殊需求的可选择带有千兆位的网交换机。但无论哪种选择，都可以最大限度地保护企业的原有投资，因为如果核心层交换机选择的仅是普通的 10/100Mbps 快速以太网交换机，在网络规模扩大，需要用到千兆位连接时，原有的核心交

换机可降级使用，作为汇聚层、边缘层使用。而如果核心交换机选择的是支持双绞线千兆位连接的，在网络规模扩大时，仍可保留在核心层使用。

3. 外网连接

对于办公室企业网络，出于成本和应用需求考虑，一般不采用硬件防火墙或网关设备，而是采用软件防火墙或网关。如基于 Linux 内核的防火墙软件或虚拟网关。另外中低档的边界路由器方案，也是可行的，这类路由器可以支持更多的因特网接入方式。防火墙产品通常也是采用软件防火墙。打印机设备也只是采用普通的串／并口打印机，通常不会选择价格昂贵的网络打印机，但可以使用价廉的网络打印共享器。

子任务 2　认识局域网硬件

在组建企业办公室局域网的时候，需要使用一些基本的设备，主要包括网络传输介质、网卡及集线器等。只有正确认识这些网络设备的功能、特性，才能更加有效地选择和使用这些设备，从而构建一个性能优良的局域网。

一、认识网卡

网卡又称为网络适配器，是网络接口 NIC（Network Interface Card）的简称，它是网络中最基础的部件，如图 2-49 所示。网卡有独立网卡和集成网卡，集成网卡是集成在计算机的主板上的，目前市场上流行计算机大多数是集成网卡，这就不需要再进行单独的网卡安装了。

图 2-49　网卡

1. 网卡的基本功能

网卡的功能主要有两个，一是将计算机的数据封装为帧，并通过网线（对无线网络来说就是电磁波）将数据发送到网络上去；二是接收网络上其他设备传过来的帧，并将帧重新组合成数据，发送到所在的计算机中。

对于网卡来说，它提供了计算机联网所需要的接口，并且每一个网卡都有一个唯一的编号来标识它自己，这就是网卡的物理地址，有时也被人称为"MAC 地址"。这个地址是由 48 位二进数组成的，通常分成 6 段，用十六进制表示的一串十六进制的编码，这个编码在全世界是唯一的，当计算机之间通信的时候，通过网卡的 MAC 地址可以确定通信的计算机。

2. 网卡接口

在桌面消费级网卡中常见网卡接口有 BNC 接口和 RJ-45 接口（类似电话的接口），也有两种接口均有的双口网卡。接口的选择与网络布线形式有关，在小型共享式局域网中，BNC 接口网卡通过同轴电缆直接与其他计算机和服务器相连；RJ-45 接口网卡通过双绞线连接集线器（HUB）或交换机，再通过集线器或交换机连接其他计算机和服务器。

网卡要与计算机相连接才能正常使用，即将网卡通过总线接口（俗称为"金手指"）和计算机主板上相连接。常见的网卡接口类型如下。

（1）ISA 接口网卡

ISA 网卡是早期网卡使用的一种总线接口，ISA 网卡采用程序请求 I/O 方式与 CPU 进行通信，这种方式的网络传输速率低，CPU 资源占用大，最多为 10MBbps 网卡，目前在市面上基本上看不到有 ISA 总线类型的网卡。

（2）PCI 接口网卡

PCI（Peripheral Component Interconnect）总线插槽仍是目前主板上最基本的接口。其基于 32 位数据总线，可扩展为 64 位，它的工作频率为 33MHz/66MHz，数据传输率为每秒132MBbps（32×33MHz/8）。目前 PCI 接口网卡仍是家用消费级市场上的绝对主流。

3．网卡的分类

网卡的分类有多种方法。

按接口分类，可分为 RJ-45 接口网卡、BNC 接口网卡、AUI 接口网卡。

按带宽分类，可以分为 10Mbps 网卡、100Mbps 网卡、10Mbps/100Mbps 网卡、1000Mbps以太网卡。

按总线类型分类，可以分为 ISA 总线网卡、PCI 总线网卡、PCI-X 总线网卡、PCMCIA总线网卡和 USB 接口网卡。

4．安装网卡

安装网卡首先要了解网卡的驱动程序，网卡驱动程序即数据链路层与物理层的接口。通过调用驱动程序的发送例程向物理端口发送数据，调用驱动程序的接收例程从物理端口接收数据。驱动程序的操作系统接口是一些用于发现网卡、检测网卡参数及发送接收数据的程序。当驱动程序开始运作时，操作系统首先调用检测例程以发现系统中安装的网卡。如果该网卡支持即插即用，那么检测例程应该可以自动发现网卡的各种参数，否则就要在驱动程序运作前，设置好网卡的参数供驱动程序使用。当核心要发送数据时，它调用驱动程序的发送例程。发送例程将数据写入正确的空间，然后激活物理发送过程。

（1）网卡安装前的准备

在安装网卡前，务必检查是否具备下列条件。

硬件方面：网卡，网络连接线及连接头，如 10Base-T 一般为 8 芯双绞线配 RJ-45 接口。

软件方面：网卡驱动程序光盘或软盘。

（2）网卡的安装及配置

首先安装硬件网卡。确认机箱电源处于关闭状态，打开机箱，将网卡插入机箱内主板的某个空闲的扩展槽中，合上机箱盖，把网线插入网卡的 RJ-45 接口中。

然后安装网卡驱动程序。目前大多数操作系统都支持即插即用（PNP），如需安装网卡驱动程序可以采用两种方式：一种是关机重新启动，这时 windows 系统将自动搜寻新安装的网卡，并自动安装网卡驱动程序。另一种方式是通过"控制面板"中的"添加新硬件"进行安装。

接下来是配置网卡。配置网卡就是配置网卡的工作参数，如端口地址、中断号等。网卡的默认参数一般存储于网卡内部的 EEPROM，这是网卡出厂前设置好的。默认参数在大多数情况下是可行的，但如果这些参数与系统有冲突并且网卡又不支持软件动态设置，那么就要使用网卡的设置程序。并不是所有的网卡都要经过这一步，因为有些网卡支持通过驱动软件及其输入参数来确定网卡的工作参数，这一点可以通过查阅网卡使用说明书来确定。

网卡安装完毕，在桌面上会出现"网上邻居"图标。若要检查安装效果，则按下列步骤进行：右击"我的电脑"，选择"属性"选项，在弹出的窗口中选择"硬件"选项卡，单击"设备管理器"按钮，在弹出的窗口中找到"网络适配器"（即网卡）。如果"网络适配器"上没有警示标记，则表明网卡安装成功，若在"网络适配器"上有红色或黄色标记等说明网卡驱动程序安装有问题，需重新安装。

二、认识集线器

集线器又称为 HUB，如图 2-50 所示，是一个共享设备，其实质是一个中继器，中继器的主要功能是对接收到的信号进行再生放大，以扩大网络的传输距离。正是因为 HUB 只是一个信号放大和中转的设备，所以它不具备自动寻址能力，即不具备交换作用。所有传到 HUB 的数据均被广播到之相连的各个端口，容易形成数据堵塞。

集线器是一个物理层设备，对应与 OSI 的第一层，主要用于组建小型局域网。

图 2-50　集线器

1. HUB 的分类

HUB 的种类很多，可分为 10Mbps、100Mbps、10/100Mbps 自适应 HUB；无源 HUB、有源 HUB；可管理 HUB、不可管理 HUB；可堆叠 HUB 和独立型 HUB 等。

可堆叠 HUB，就是多个 HUB 可通过"UP"和"DOWN"堆叠端口堆叠起来。一个集线器（HUB）中一般同时具有"UP"和"DOWN"堆叠端口。当多个 HUB 连接在一起时，其作用就像一个模块化集线器一样，堆叠在一起的集线器可以作为一个单元设备来进行管理。一般情况下，当有多个 HUB 堆叠时，其中存在一个可管理 HUB，利用可管理 HUB 可对此可堆叠式 HUB 中的其他"独立型 HUB"进行管理。可堆叠式 HUB 可非常方便地实现对网络的扩充。

集线器堆叠技术采用了专门的管理模块和堆栈连接电缆，这样做的好处是，一方面增加了用户端口，能够在集线器之间建立一条较宽的宽带链路；另一方面多个集线器能够作为一个大的集线器，便于统一管理。

2. HUB 的工作原理

集线器的基本工作原理是采用广播（Broadcast）技术，从一个端口收到一个数据包，将此数据包广播到其他端口。集线器不具有寻址功能，所以它并不记忆每个端口所连接网卡的 MAC 地址。

当集线器将数据包以广播方式发出时，连接在集线器端口上的网卡将判断这个包是否是发送给自己的，如果是，则根据以太网数据包所要求的功能执行相应的动作，如果不是则丢掉。

集线器构建的网络是一个共享式网络，这里的共享，就是指集线器的内部总线。用集线器组建的局域网，每台计算机是用它自己专用的传输介质连接到集线器的，各节点间不再只有一个传输通道，各节点发回来的信号通过集线器集中，集线器再把信号整形、放大后发送到所有节点上，这样至少在上行通道上不再出现碰撞现象。但基于集线器的网络仍然是一个共享介质的局域网，所以当上行通道与下行通道同时发送数据时仍然会存在信号碰撞现象。当集线器从其内部端口检测到碰撞时，产生碰撞强化信号（Jam）向集线器所连接的目标端口进行传送。这时所有数据都将不能发送成功，形成网络堵塞。

3. 集线器的级联和堆叠

如果网络中的计算机数目很多，需要集线器提供更多数目的端口，那么可以采用级联或堆叠方式来解决。

级联是通过集线器的某个端口（如 Uplink）与其他集线器相连，如图 2-51 所示，而堆叠是通过集线器的背板连接起来，如图 2-52 所示。而堆叠只有在自己厂家的设备之间，且此设备必须具有堆叠功能才可实现。级联只需单做一根双绞线（或其他媒介），堆叠需要专用的堆叠模块和堆叠线缆，而这些设备可能需要单独购买。

图 2-51　集线器级联

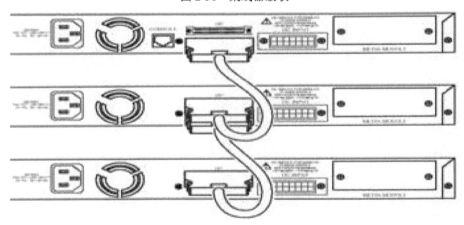

图 2-52　集线器堆叠

虽然级联和堆叠都可以实现端口数量的扩充，但是级联后每台集线器或交换机在逻辑上仍是多个被网管的设备，而堆叠后的数台集线器或交换机在逻辑上是一个被网管的设备。

4. 集线器的选择

对集线器的选择需要注意以下几个方面的问题。

（1）对带宽的选择

目前主流的集线器带宽主要有 10Mbps、100 Mbps 及 10Mbps/100 Mbps 自适应型 3 种，这 3 种不同带宽的集线器在价格上也有较大区别，所以在选择上要充分考虑到网络的现状，一般企业办公室网络选择自适应的集线器。

（2）对扩展的选择

如果需要进行端口扩展，可采用集线器的堆叠或者集线器的级联方式，同时由于连接在集线器上的所有节点均共享带宽，所以集线器内所连接节点数目不宜太多，这样可以避免一些冲突的发生。

子任务3　组建企业办公室网络

小型局域网主要是用来实现网内用户全部信息资源共享，例如实现文件共享、打印共享、收发电子邮件、Web 发布、财务管理及人事管理等功能。由于此类局域网往往接入的计算机节点比较少，而且各节点相对集中，因此采用双绞线进行结构化布线，集线器对工作站进行集中管理就足够了，以下是其实施的具体步骤。

1. 网络拓扑结构

星型结构网络中有一个唯一的转发节点（中央节点），每一计算机都通过单独的通信线路连接到中央节点，如图 2-53 所示。信息传送方式、访问协议十分简单。星型结构企业办公室网工作站和服务器常采用 RJ-45 接口网卡，以集线器为中央节点，用双绞线连接集线器与工作站和服务器。

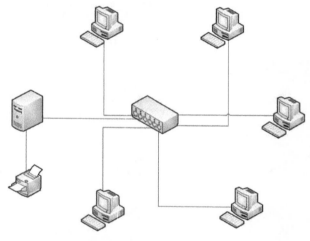

图 2-53　网络拓扑结构图

2. 硬件安装和网线连接

（1）安装好各台计算机，插上网卡。

（2）安放好 HUB。

（3）对每台机器，将双绞线的一端插入网卡插口，另一端插入 HUB 插口。

3. 网络软件安装

（1）服务器配置

作为代理服务器的计算机安装有两块网卡，一块网卡与外网进行连接，另一块保证该计算机和局域网内的其他计算机进行通信，首先配置其内网网卡的信息。

① 单击"开始"菜单，选择"设置"选项，然后选择"网络和拨号连接"选项，打开"网络连接"对话框，如图 2-54 所示。

图 2-54　"网络连接"对话框

②　右击"本地连接"，在弹出的快捷菜单中选择"属性"选项，打开"本地连接属性"对话框，如图 2-55 所示。

③　双击"Internet 协议（TCP/IP）"，弹出"Internet 协议（TCP/IP）属性"对话框，选中"使用下面的 IP 地址"单选按钮，设置 IP 地址，输入"192.168.0.1"和子网掩码"255.255.255.0"，如图 2-56 所示。单击"确定"按钮完成配置。

（2）客户机的配置

在客户机上，单击"开始"菜单，选择"设置"选项，然后选择"网络和拨号连接"选项，打开"网络连接"对话框。

右击"本地连接"，在弹出的快捷菜单中选择"属性"命令，打开"本地连接属性"对话框，双击"Internet 协议（TCP/IP）"，出现"Internet 协议（TCP/IP）属性"对话框，设置 IP 地址，输入"192.168.0.2"和子网掩码"255.255.255.0"。

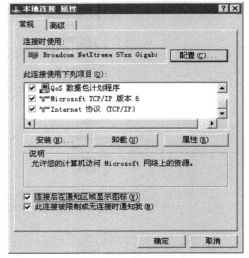

图 2-55　"本地连接属性"对话框

其他计算机，可依次选择"192.168.0.3"等地址。在"默认网关"栏中输入"192.168.0.1"。最后配置 DNS 服务器的地址为"192.168.0.1"，如图 2-57 所示。单击"确定"按钮完成配置。

（3）查看网络的连通性

①　目测网络是否连通。

从计算机状态栏右侧看有没有打红"×"的"本地连接"图标，如图 2-58 所示。如果有，说明网络的网线没有连接好。也可以从"网上邻居"的属性里看到红"×"。

还可以看网卡的指示灯、HUB 端口指示灯是不是正常来判断网线是否连接好。

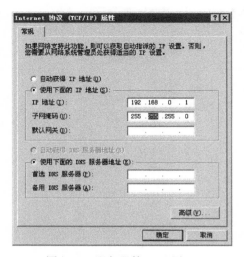

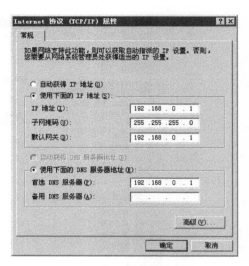

图 2-56　服务器的 IP 配置　　　　　　　图 2-57　客户机的 IP 配置

图 2-58　查看网络连通性

② "网上邻居"里查看工作组内计算机的图标。

在网络通信正常的情况下，可以在"网上邻居"里看到工作组内计算机的图标，双击这些计算机的图标就可以共享其他计算机上的共享资源了。

子任务 4　测试企业办公室网络

在局域网的组建和应用过程中，往往会遇到各种各样的网络故障，这些故障和问题如果不及时得到解决，将会影响局域网的正常运行，严重时还会导致系统瘫痪。所以在局域网出现问题的时候，迅速准确地诊断出故障并排除是十分重要的。

常见的网络测试命令如下。

1. ipconfig 命令

ipconfig 是调试计算机网络的常用命令，通常使用它显示计算机中网络适配器的 IP 地址、子网掩码及默认网关。

执行"ipconfig"命令，查看计算机上设置的 IP 地址有没有生效：执行"开始"→"运行"命令，输入"cmd"，单击"确定"按钮，出现命令行对话框，执行"ipconfig"命令，可以看到刚才给计算机设置的 IP 地址和子网掩码，如图 2-59 所示。执行"ipconfig/all"，可以看到更多信息，包括网卡的物理地址。

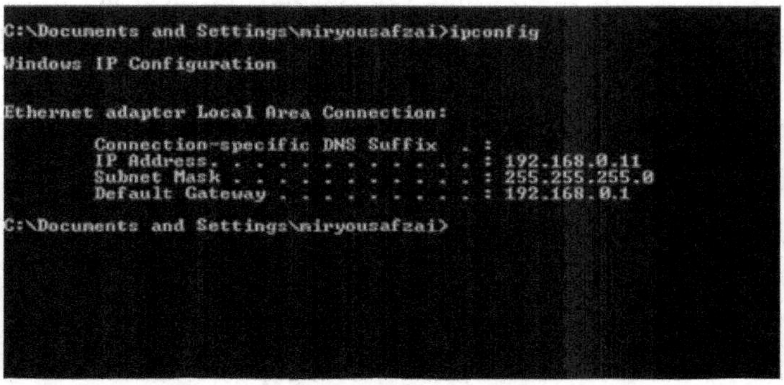

图 2-59　ipconfig 命令

2. ping 命令

在网络中，ping 是一个十分好用的 TCP/IP 工具，ping 命令的主要功能是通过发送数据包并接收应答信息来检测两台计算机之间的网络连通情况和分析网络速度。当网络出现问题时，可以用这个命令来预测故障和确定故障源。如果执行 ping 不成功，则可以预测故障出现在以下几个方面：网线是否连通、网络适配器配置是否正确、IP 地址是否可用等。

（1）ping 命令格式

ping [-t] [-a] [-n count] [-l length] [-f] [-i ttl] [-v tos] [-r count] [-s count] [-j computer-list] | [-k computer-list] [-w timeout] destination-list。

参数说明如下

-t：ping 指定的计算机直到中断。

-a：将地址解析为计算机名。

-n count：发送 count 指定的 ECHO 数据包数，默认值为 4。

-l length：发送包含由 length 指定的数据量的 ECHO 数据包。默认为 32 字节，最大值是 65,527。

-f：在数据包中发送"不要分段"标志，数据包就不会被路由上的网关分段。

-i ttl：将"生存时间"字段设置为 ttl 指定的值。

-v tos：将"服务类型"字段设置为 tos 指定的值。

-r count：在"记录路由"字段中记录传出和返回数据包的路由。count 可以指定最少 1 台，最多 9 台计算机。

-s count：指定 count 指定的跃点数的时间戳。

-j computer-list：利用 computer-list 指定的计算机列表路由数据包。连续计算机可以被中间网关分隔（路由稀疏源）IP 允许的最大数量为 9。

-k computer-list：利用 computer-list 指定的计算机列表路由数据包。连续计算机不能被中间网关分隔（路由严格源）IP 允许的最大数量为 9。

-w timeout：指定超时间隔，单位为毫秒。

destination-list：指定要 ping 的远程计算机。

（2）ping 的使用

只有在安装了 TCP/IP 协议后才可以使用，使用 ping 命令可测试网络连通性。执行"开始"→"运行"命令，在"运行"文本框中输入"cmd"，单击"确定"按钮。在 MSDOS 命令行方式下输入 ping 命令，如输入 ping 192.168.0.2，按 Enter 键，出现如图 2-60 所示信息，表示网络连接正常。如果信息为"Request timed out"，则表明网络连接失败。ping 命令的典型使用方法如下。

```
Microsoft Windows [版本 5.2.3790]
<C> 版权所有 1985-2003 Microsoft Corp.

C:\Documents and Settings\Administrator>ping 192.168.0.2

Pinging 192.168.0.2 with 32 bytes of data:

Reply from 192.168.0.2: bytes=32 time=1ms TTL=128
Reply from 192.168.0.2: bytes=32 time<1ms TTL=128
Reply from 192.168.0.2: bytes=32 time=3ms TTL=128
Reply from 192.168.0.2: bytes=32 time<1ms TTL=128

Ping statistics for 192.168.0.2:
    Packets: Sent = 4, Received = 4, Lost = 0 (0% loss),
Approximate round trip times in milli-seconds:
    Minimum = 0ms, Maximum = 3ms, Average = 1ms
```

图 2-60　ping 命令测试网络

● ping 127.0.0.1：ping 环回地址验证是否在本地计算机上安装 TCP/IP 协议，以及配置是否正确。这个命令被送到本地计算机的 TCP/IP 软件。如果没有回应，就表示 TCP/IP 的安装或运行存在某些基本问题。

● ping localhost：Localhost 是操作系统保留名，即 127.0.0.1 的别名。每台计算机都能将该名字转换成地址。

● ping 本机 IP：本地计算机始终都会对该 ping 命令作出应答，没有则表示本地配置或安装存在问题。

● ping 局域网内其他机器的 IP 地址，命令到达其他计算机再返回。收到回送应答表明本地网络中的网卡和媒体运行正常，但如果没有收到回送应答，那么表示子网掩码不正确或网卡配置错误或媒介有问题。

● ping 默认网关的 IP 地址：验证默认网关是否运行，以及能否与本地网络上的主机通信。

● ping 远程 IP：ping 远程主机的 IP 地址验证能否通过路由器通信。

任务 9　组建企业无线网络

1990 年出现了无线局域网，有人预言完全取消电缆和线路连接方式的时代即将来临，现在越来越多的企业办公室、家庭及一些公共场所考虑使用无线局域网（WLAN）组网。

子任务 1　认识无线网络

一、无线网络概述

无线局域网是指以无线信道作传输媒介的计算机局域网（Wireless Local Area Network，WLAN）。它是无线通信、计算机网络技术相结合的产物，是有线联网方式的重要补充和延伸，经过十余年的持续快速发展，WLAN 已成为当今全球最普及的宽带无线接入技术，拥有巨大的用户群和市场规模。WLAN 功能被广泛嵌入至笔记本电脑、手机、平板电脑等各种电子通信产品中，为人们提供便捷的宽带无线数据服务，当前国际主流的 WLAN 技术是 Wi-Fi（Wireless Fidelity）联盟推广的 Wi-Fi 技术，核心技术采用了美国电子电气工程师协会（IEEE）制定的 IEEE 802.11 系列标准。

1. 无线传输介质

目前，无线通信一般有两种传输手段，即无线电波和光波。无线电波包括短波、超短波和微波。光波指激光、红外线。

短波、超短波类似电台或电视台广播采用的调幅、调频或调相的载波，通信距离可达数十公里。这种通信方式速率慢、保密性差、易受干扰、可靠性差，一般不用于无线局域网。激光、红外线由于易受天气影响，不具备穿透的能力，在无线局域网中一般不用。因此，微波是无线局域网通信传输媒介的最佳选择。目前，使用微波作传输介质通常以扩频方式传输信号。

2. 无线局域网特点

（1）移动性

实现移动办公是开发无线局域网技术的最基本目的。无线局域网可实现室内移动办公和室外远距离主干互联，有效解决了有线局域网中各信息点不可移动的问题。

（2）灵活性

有线局域网中，室外布线时或挖沟走线或架空走线，受地势、环境、政府规定影响，不能任意布线，而且电缆数量固定，通信容量有限，不能随时架设、随时增加链路进行扩容；而无线局域网采用 2.4GHz 民用通信频率，无须布线、无须政府许可，且通信覆盖范围大，几乎不受地理环境限制，网络连接灵活，可随时扩容。

（3）安全性

有线局域网的线缆不但容易遭到破坏，而且容易遭搭线窃听，而无线局域网采用的无线扩频通信技术本身就起源于军事上的防窃听技术，因此安全性高。

（4）可靠性

有线局域网的电缆线路存在信号衰减的问题，即随着线路的扩展，信号质量急剧下降，而且误码率高，而无线局域网通过数据放大器和天线系统，可有效解决信号此类问题。

（5）易维护

有线局域网络的维护需沿线路进行测试检查，出现故障时，一般很难及时找出故障点，而无线局域网只需对天线、无线接入器和无线网卡进行维护，出现故障时则能快速找出原因，恢复线路正常运行。

二、无线网络标准

为了满足市场需求，WLAN 技术与标准在不断发展与完善。IEEE 已发布（或正在制定）的 802.11 标准达到 20 余项，涉及物理层增强、服务质量（QoS）、业务支撑、安全机制、组网方式、网管、频谱使用、网络融合等多方面技术内容，初步构建了一套 WLAN 技术标准体系。

1. IEEE 802.11b

由 IEEE 802.11 Task Group b 于 1999 年底制定，以直序扩频（Direct Sequence Spread Spectrum，DSSS）作为调变技术，所谓直序扩频，是将原来 1 位的信号，利用 11 个以上的位来表示，使得原来高功率、窄频率的信号，变成低功率、宽频率。另外一方面，IEEE 802.11b 传输速率最高可达到 11Mbps，频段则采用 2.4GHz 免执照频段。

2. IEEE 802.11a

IEEE 802.11a 在 2001 年到 2002 年推出，采用能有效降低多重路径衰减与有效使用频率正交频分复用（OFDM）的技术，并选择干扰较少的 5GHz 频段，其数据率高达 54Mbps。由于 IEEE 802.11b 的数据率为 11Mbps，物理层额外开销使数据率下降 40%，实际数据率最多为 6Mbps，因此 IEEE 802.11a 被视为下一代高速无线局域网络规格。

3. IEEE 802.11g

该标准在 IEEE 802.11b 标准基础上，选择 2.4GHz 频段，使用 OFDM 技术，与 IEEE 802.11a 兼容。目前 IEEE 802.11g 主要有两家公司在竞争标准：一家为 Intersil，以 OFDM 为通信技术、传输速率可达 36Mbps；另一家为 TI，以 PBCC 为通信技术，传输速率达 22Mbps。目前 IEEE 802.11g 工作小组对 Intersil 的解决方案有较大的兴趣，Intersil 胜出的概率相比之下也大了许多。

4. 其他标准

IEEE 802.11d 标准旨在制定在其他频率上工作的多个 IEEE 802.11b 版本，使之适合于世界上现在还未使用 2.4GHz 频段的国家。

IEEE 802.11e，该标准将对 802.11 网络增加 QoS 能力，它将用时分多址方案取代类似以太网的 MAC 层，并对重要的业务增加额外的纠错功能。

IEEE 802.11f，该标准旨在改进 802.11 的切换机制，以使用户能够在两个不同的交换分区（无线信道）之间，或在加到两个不同的网络上的接入点之间漫游的同时保持连接。

IEEE 802.11h，该标准意在对 IEEE 802.11a 的传输功率和无线信道选择增加更好的控制功能，它与 IEEE 802.11e 相结合，适用于欧洲地区。

子任务 2　认识网络无线设备

一、常见的无线网络设备

组建无线网络的主要设备包括无线网卡、无线 AP、无线路由器，几乎所有的无线网络产品中都包含无线发射和接收的功能。

1. 无线网卡

大家知道，网卡（Network Interface Card，NIC）又称为网络适配器（Network Interface

Adapter，NIA）。网卡是连接计算机和网络电缆之间的必备设备，它能为计算机或其他智能设备之间相互通信提供一条物理通道，并通过这条通道进行数据传输。以此类推，无线网卡就是不通过有线连接，采用无线信号进行连接的网卡。

无线网卡根据接口不同，主要有 PCMCIA 无线网卡（见图 2-61 所示，该接口的网卡主要用在笔记本电脑、掌上电脑等领域）、PCI 无线网卡（见图 2-62）、MiniPCI 无线网卡（MiniPCI 是笔记本电脑内置的一种专用小型化 PCI 接口）和 USB 无线网卡（见图 2-63）四类产品。

图 2-61　PCMCIA 无线网卡　　　　　　　图 2-62　PCI 无线网卡

图 2-63　USB 无线网卡

2. 无线 AP

无线 AP（Access Point，AP，会话点或存取桥接器）其实是一个广义的名称，它包含单纯性无线接入点（无线 AP）和无线路由器（包含无线网桥、无线网关）两类主要设备。单纯性无线 AP 好比一台无线的集线器（HUB），它是传统的有线局域网络与无线局域网络或无线局域网络与无线局域网络之间的桥梁，它在无线局域网中不停地接收和传送数据。任何一台装有无线网卡的计算机均可通过 AP 来分享有线局域网络甚至广域网络的资源，AP 可对装有无线网卡的计算机做必要的控制和管理。图 2-64 所示是一款 NETGEAR ME102 无线 AP。

图 2-64　NETGEAR ME102 无线 AP

3. 无线路由器

无线路由器（Wireless Router）好比将单纯性无线 AP 和宽带路由器合二为一的产品，

它不仅具备单纯性无线 AP 所有功能如支持 DHCP 客户端、支持 VPN、防火墙、支持 WEP 加密等，而且一般包括了网络地址转换（NAT）协议，可支持局域网用户的网络连接共享，如图 2-65 所示。

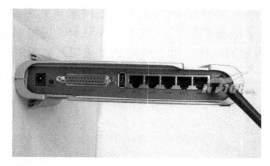

图 2-65　无线路由器

此外，大多数无线路由器还包括一个 4 个端口的交换机，可以连接 n 台使用有线网卡的计算机，从而实现有线和无线网络的顺利过渡。

二、无线网络的相关知识

1．Infrastructure

在接触无线网络时我们常会听到 Ad-Hoc 和 Infrastructure 两个名词，它们是什么意思呢？其实它们是无线网络的两种主要组网方式。

Infrastructure（集中式无线网络），它就好比有线网络中的星型网络，通过无线 AP 或无线路由器做中心接入/控制点，然后 1~n 块无线/有线网卡就可通过这个中心接入点共享上网或实现网络资源的共享，采用 Infrastructure 模式无线 AP 或无线路由器+网卡都是必须设备。

2．Ad-Hoc

Ad-Hoc（对等式无线网络），是一种无线局域网的应用模式。在这种模式下，两个或多个使用者的计算机只需配备无线网卡即可通信或实现网络资源的共享或共享上网，而不需要再配备 AP 或无线路由器。

3．Channel

Channel 即"信道"或"传输频道"，它是以无线信号作为传输媒体的数据信号传送通道。IEEE 802.11g 可兼容 IEEE 802.11b，二者都使用了 2.4GHz 微波频段，最多可以使用 14 个信道（Channel）。各国规定的 2.4GHz 频率范围略有不同，在中国 IEEE 802.11b/g 可以使用 1~11 频道，在同一区域可以有 3 个互不干扰的频道。家用微波炉也在这一频率范围会对信号有影响。蓝牙也在 2.4GHz 内，但蓝牙功率很小因此不会有大的影响。IEEE 802.11a 使用了 5GHz 无线频段，在同一区域可以有 12 个互不干扰的频道。

4．传输速度

不同标准的无线设备的传输速度各不相同。

① IEEE 802.11b 采用 2.4GHz 频带，调制方法采用补偿码键控（CKK），传输速率能够从 11Mbps 自动降到 5.5Mbps，或者根据直接序列扩频技术调整到 2Mbps 和 1Mbps，以保证设备正常运行与稳定。除此而外，还有个非正式 IEEE 802.11b+标准，其将 IEEE 802.11b 的传输速度提高到了 22Mbps/44Mbps。

② IEEE 802.11a 扩充了标准的物理层，规定该层使用 5GHz 的频带。该标准采用 OFDM 调制技术，传输速率范围为 6Mbps～54Mbps（54Mpbs、20Mpbs、6Mpbs）。不过此标准与 IEEE 802.11b 标准并不兼容。

③ IEEE 802.11g 同样运行于 2.4GHz，向下兼容 IEEE 802.11b，而由于使用了与 IEEE 802.11a 标准相同的调制方式 OFDM（正交频分），因而能使无线局域网达到 54Mbps 的数据传输率（54Mpbs、48Mpbs、36Mpbs、24Mpbs、18Mpbs、12Mpbs、9Mpbs、6Mpbs）。除此而外，新的非正式 IEEE 802.11g+标准将 IEEE 802.11g 的传输速度提高到了 108Mpbs 乃至更高。

5. SSID

SSID（Service Set Identifier），也可以写为 ESSID，是无线 AP 或无线路由器的标志字符，有时候也译为"业务组标志符"、"服务集标志符"或"服务区标志符"。该标志主要用来区分不同的无线网络，最多可以由 32 个字符组成。网卡设置了不同的 SSID 就可以进入不同网络，SSID 通常由 AP 或无线路由器广播出来，通过 Windows XP 自带的扫描功能可以查看当前区域内的 SSID。出于安全考虑可以不广播 SSID，此时用户就要手工设置 SSID 才能进入相应的网络。

6. WEP

WEP（Wired Equivalent Privacy）有线等效保密是为了保证数据能通过无线网络安全传输而制定的一个加密标准，使用了共享密钥 RC4 加密算法，密钥长度最初为 40 位（5 个字符），后来增加到 128 位（13 个字符），有些设备可以支持 152 位加密。使用静态（Static）WEP 加密可以设置 4 个 WEP Key，使用动态（Dynamic）WEP 加密时，WEP Key 会随时间变化而变化。

7. WPA

WPA（Wi-Fi Protected Access）是 Wi-Fi 联盟（The Wi-Fi Alliance）与电气和电子工程师协会（IEEE）合作开发的一个无线网络工业标准，提供无线网络编码技术和简单易用的可定义的企业级访问控制工具。WPA 提供给无线网络用户一个更高级的安全保护，只有经授权的用户才能访问你的网络。WPA 允许用户通过升级固件，来达到已有无限设备对 WPA 的支持。与 WEP 不同，WPA 利用瞬间密钥完整性协议（TKIP）加密和 IEEE 802.1x，以及可扩展认证协议（EAP）作为认证机制，其安全性比 WEP 要强得多。WPA 的安全性源于它采用一种增强型加密模式，即瞬时密钥完整性协议（TKIP）。与 IEEE 802.1x/EAP 相结合，TKIP 采用保护性增强的密钥序列。它还增加了信息完整性验证（MIC），以阻止伪造数据包。目前 Windows XP/2003 和新推出的主流无线设备均支持 WPA。

8. IEEE 802.1x

IEEE 802.1x 认证出现于 2001 年 6 月，它是根据用户 ID 或设备，对网络客户端（或端口）进行鉴权的标准。该流程称为"端口级别的鉴权"。它采用 RADIUS（远程认证拨号用户服务）方法，并将其划分为三个不同小组：请求方、认证方和授权服务器。IEEE 802.1x 标准应用于试图连接到端口或其他设备（认证方）的终端设备和用户（请求方）。认证和授权都通过鉴权服务器后端通信实现。IEEE 802.1x 提供自动用户身份识别，集中进行鉴权、密钥管理和 LAN 连接配置。如今 IEEE 802.1x 协议已成为主流交换机和无线设备的标准配置，它已是用户在选型时考察设备时的一个重要指标。

IEEE 802.1x 认证示意图如图 2-66 所示。

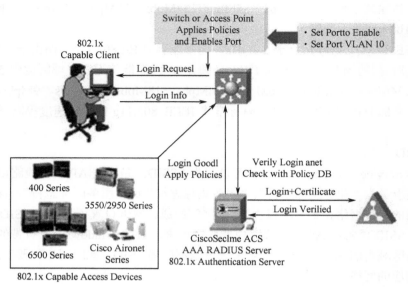

图 2-66　IEEE 802.1x 认证示意图

子任务 3　安装配置企业无线网络

一、无线网络的组网模式

1. Ad-Hoc 模式

Ad-Hoc 网络是一种点对点的对等式移动网络，没有有线基础设施的支持，网络中的节点均由移动主机构成。网络中不存在无线 AP，通过多张无线网卡自由的组网实现通信。基本结构如图 2-67 所示。

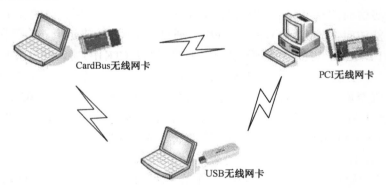

图 2-67　Ad-Hoc 结构模式

要建立对等式网络需要完成以下几个步骤。

（1）首先给计算机安装好无线网卡，并且给无线网卡配置好 IP 地址等网络参数。注意，要实现互联的主机的 IP 必须在同一网段。

（2）设定无线网卡的工作模式为 Ad-Hoc 模式，并给需要互联的网卡配置相同的 SSID、频段、加密方式、密钥和连接速率。

2. Infrastructure 模式

集中控制式模式网络，是一种整合有线与无线局域网架构的应用模式。在这种模式中，无线网卡与无线 AP 进行无线连接，再通过无线 AP 与有线网络建立连接。实际上 Infrastructure 模式网络还可以分为两种模式，一种是无线路由器+无线网卡建立连接的模式；一种是无线 AP+无线网卡建立连接的模式。

"无线路由器+无线网卡"模式是目前很多家庭都使用的模式，这种模式下无线路由器相当于一个无线 AP 集合了路由功能，用来实现有线网络与无线网络的连接。例如我司的无线路由器系列，它们不仅集合了无线 AP 功能和路由功能，同时还集成了一个有线的四口交换机，可以实现有线网络与无线网络的混合连接，如图 2-68 所示。

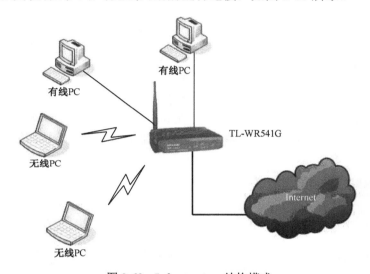

图 2-68　Infrastructure 结构模式

"无线 AP+无线网卡"模式。在这种模式下，无线 AP 应该如何设置，应该如何与无线网卡或者是有线网卡建立连接，主要取决于所要实现的具体功能及预定要用到的设备。因为无线 AP 有多种工作模式，不同的工作模式它所能连接的设备不一定相同，连接的方式也不一定相同。

二、组建无线网络

下面以组建 CFJT 公司研发部无线网络为例（见图 2-69），介绍无线网络组建步骤。

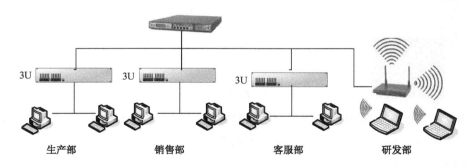

图 2-69　CFJT 公司研发部无线网拓扑结构图

组建无线局域网比较简单，只需购买无线 AP 和无线网卡，进行简单配置就可以了。

第一步，安装无线网卡和无线硬件连接。

① 若 PC 没有配备网卡，则打开 PC 主机箱，找到主板上的 PCI 槽，插入无线网卡（也可使用 USB 接口的无线网卡）。连接好后会看到无线网卡上的指示灯亮，同时计算机屏幕右下角会出现无线网卡连接图标。

② 一根直通双绞线一头插入到无线路由器的其中一个 LAN 交换端口上（注意：不是 WAN 端口），另一头插入到一台计算机的有线网卡 RJ-45 接口上。

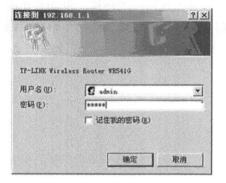

图 2-70　身份验证对话框

③ 连接并插上无线路由器、计算机电源，开启计算机进入系统（最好是 Windows 2000/XP 系统）。

第二步，配置无线路由器。

① 在 IE 浏览器地址栏中输入厂家配置的无线路由器 IP 地址：192.168.1.1。首先打开的是如图 2-70 所示的身份验证对话框。

② 在其中的"用户名"和"密码"两文本框中都输入管理无线路由器的初始用户账户信息 admin。单击"确定"按钮进入配置界面首页，如图 2-71 所示。

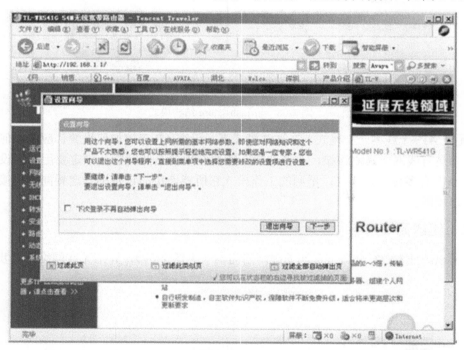

图 2-71　配置界面首页

因为这款无线路由器提供了向导式基本配置方法，所以在打开配置界面首页的同时也启动了配置向导。建议初次配置采用向导方式进行，它可以配置最基本的选项，以简便的方式使无线路由器能正常工作。

③ 单击向导中的"下一步"按钮，打开如图 2-72 所示对话框。

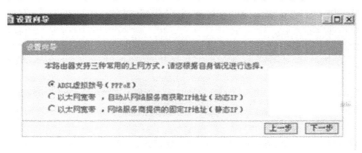

图 2-72　设置向导-上网方式选择

在其中指定一种上网方式。TP-LINK 公司的这款无线路由器支持三种上网方式，即虚拟拨号 ADSL、动态 IP 以太网接入和静态 IP 以太网接入。注意不支持专线的 ADSL 和有线电视网（Cable Modem）接入。在此选中"ADSL 虚拟拨号（PPPoE）"单选按钮。

④ 单击"下一步"按钮，打开如图 2-73 所示的对话框。

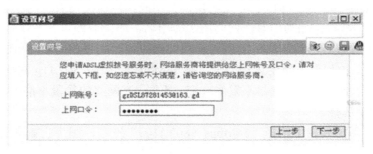

图 2-73　设置向导-账号和口令

这个对话框要求为上一步所指定的虚拟拨号 ADSL 上网方式配置相应的账户。

【说明】如果上一步选中的是"以太网宽带，自动从网络服务商获取 IP 地址（动态 IP）"单选按钮，则会直接进入到下一步；如果选中的是"以太网宽带，网络服务商提供的固定 IP 地址（静态 IP）"单选按钮，则会弹出如图 2-74 所示的对话框。在其中就要为专线以太网接入方式配置 IP 地址、网关等设置。

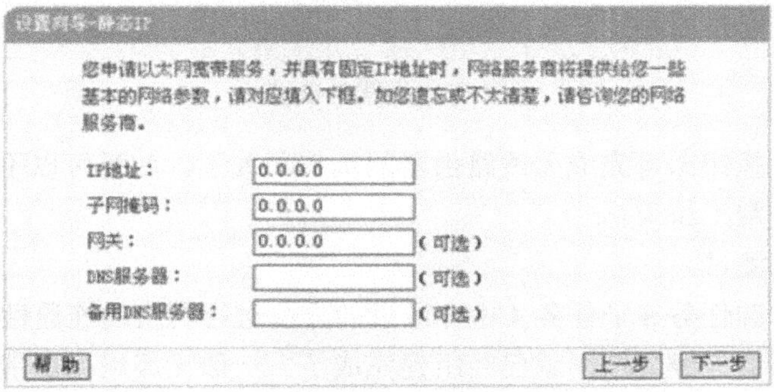

图 2-74　设置向导-静态 IP

⑤ 单击"下一步"按钮；或者在如图 2-72 所示对话框中选中"以太网宽带，自动从

网络服务商获取 IP 地址（动态 IP）"单选按钮，再单击"下一步"按钮；或者在如第 4 步所示对话框中选中"以太网宽带，网络服务商提供的固定 IP 地址（静态 IP）"单选按钮，在如图 2-72 所示的对话框中单击"下一步"按钮，都会打开如图 2-75 所示的对话框。

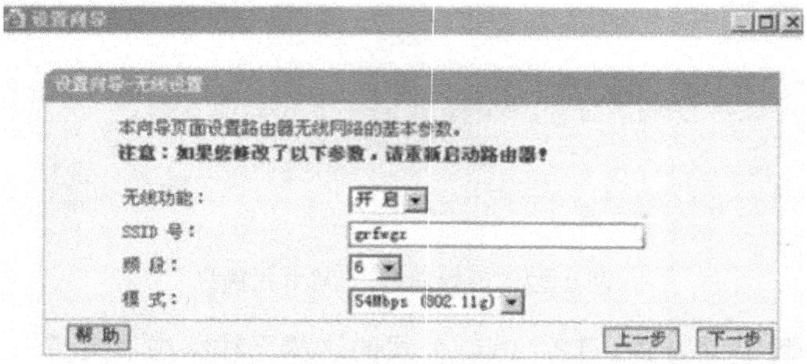

图 2-75　设置向导-无线设置

在这个对话框中所进行的就是无线接入点 AP 的设置了。首先要在"无线功能"下拉列表中选择"开启"选项，开启它的无线收、发功能。然后在 SSID 号后面的文本框中输入一个 SSID 号，其实就相当于有线网络的工作组名，随便取即可。

不过在此配置好后，该网络中的所有客户端到时也要配置相同的 SSID 号才可进行连接。在"频段"下拉列表中随便选择一个，在 54Mbps 的 IEEE 802.11g 网络中提供了 13 个频段。主要是为了使不同 AP 网络不发生冲突，不同 AP 网络的频段不能一样。因为只有一个 AP，所以随便选择。

在"模式"下拉列表中选择"54Mbps（802.11g）"选项，因为它兼容 IEEE 802.11b 无线网络标准，所以选择这种模式既可以确保网络连接性能最佳，还可以确保 11Mbps 的 IEEE 802.11b 无线设备同样可以与这个 AP 无线网络进行连接。

⑥ 单击"下一步"按钮，打开如图 2-76 所示的向导完成对话框的设置。

图 2-76　设置向导-完成

单击"完成"按钮即可完成无线路由器的基本配置了。此时可以不做其他复杂配置，无线路由器就能正常工作了。

第三步，网络测试。

使用模块 2 中的任务 8 子任务 4 中介绍过的方法进行网络的连通性测试。

至此，研发部的无线局域网就已经组建完成了。一般无线网络所能涵盖的范围取决于环境的开放与否，若不加外接天线，其范围约在视野所及之处 250m，若属半开放性空间，有障碍物，则为 35～50m，当然若加上外接天线，则距离可更大。

无线 AP 配置很简单，基本配置内容一样，包括主机名称、IP 地址信息、SSID、无线

AP 接入模式等。但是要特别提醒一下，对不同厂商的无线网卡和无线 AP 的设置方法是不一样的，但设置的内容基本是一样的。

思考与习题

1．双绞线的标准连接长度为多少？在联网时应使双绞线的长度控制在多少长度以内？

2．简述集线器的工作特点。

3．列出安装 Windows Server 2003 的硬件最低要求及建议标准。

4．试分析 CSMA/CD 介质访问控制技术的工作原理。

5．在 Windows Server 2003 系统中如何实现资源共享和保护资源。

6．如何利用 ping 命令检测网络的连通性。

7．简述标准线的制作过程。

8．为公司员工宿舍规划和组建宿舍网，要求画出网络拓扑结构，列出要选用的设备及采用的具体组网方案。

组建小规模企业网络

CFJT 企业某公司是一个以生产冰箱和空调蒸发器、冷凝器等为主要产品的企业，公司下属有生产部、研发部、销售部、客服部等部门，拥有 150 多个节点。该公司网络主要提供 ERP、企业门户、OA、邮件、文件服务等应用，主要设备是锐捷交换机，公司内部采用有线网络和无线网络组建局域网，局域网间建筑物间采用 6 芯多模光纤互联，和集团之间采用电信 VPN 方式 100Mbps 联网。

任务 10　扩展企业办公网络

子任务 1　认识交换机级联与堆叠技术

一、交换机级联技术

随着企业规模的扩大，原有的交换机端口已经不能满足不断增加的计算机接入要求，端口需要扩充。最简单的方法就是在网络内增加一台或两台交换机，再通过双绞线把它们连接起来，这种方式称为交换机的级联。交换级联是网络中最常见的一种连接方式，不仅可以扩充网络的节点数量，节约了网络建设成本，而且级联技术还延伸了网络的 100m 有效距离，扩大了网络的覆盖范围。小规模网络使用较多的是用交换机作为级联设备，当然交换机之间的级联不能无限制进行，级联的交换机超过一定数量，容易产生广播风暴，影响企业网络的性能。

交换机之间的级联，既可以使用普通以太端口，也可使用特殊的 Uplink 端口，如图 3-1 所示。Uplink 端口是专门用于与其他交换机连接的端口，使用直通线将该端口与其他交换机的除 Uplink 端口外任意端口相连。现在越来越多的交换机不再提供 Uplink 端口，而是采用普通以太端口进行级联，当交换机都通过普通以太端口进行级联时，应使用交叉线进行连接。此外，有的交换机端口还支持 MDI 端口自动性反转技术，那样可以使用任意网线就可以进行级联，无需进行端口类型的分辨。

级联技术是扩展企业办公网络的基础技术，通过使用多台交换机实现企业网络的连接，实现网络距离的延伸，并且可以配合一些冗余技术、层次设计技术优化网络结构，进一步来提升网络的性能。

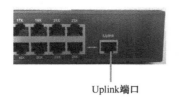

Uplink端口

图 3-1　交换机级联端口

二、交换机堆叠技术

交换机堆叠技术是扩展办公网络范围的另外一种技术。堆叠技术就是把交换机的背板带宽通过专用模块聚集在一起，通过堆叠的交换机总背板带宽就是几台堆叠交换机的背板带宽之和。堆叠是将一台以上交换机组合起来，视同一个工作组共同使用，如图 3-2 所示。

交换机组可视为对一个整体的交换机进行管理，从而在组建大型网络时，一方面满足了在有限的空间内提供尽可能多的端口，满足网络中对端口数量的要求；另一方面多台交换机经过堆叠，形成一个堆叠单元，又满足了网络对传输带宽的要求。

不是所有的交换机都可以进行堆叠，需要交换机在前期的设计及软件、硬件都支持堆叠技术才可以，并且购买专门的堆叠模块，插在模块化交换机插槽中，如图 3-3 所示。在进行堆叠时，需要使用专门的堆叠线缆，连接几台交换机的堆叠模块，这样堆叠起来的交换机形成了一个工作组，相当于一台巨型交换机。

图 3-2　交换机堆叠

图 3-3　堆叠模块

堆叠技术不仅扩充了办公网络的规模，提供高密度的交换机接入端口，扩展了网络接入的计算机数量，并且堆叠技术还能提供企业网络高带宽的需求。由于堆叠使用的连接线缆一般都很短，故堆叠的交换机通常放在同一位置，所以交换机堆叠主要是用于扩充端口数量，而不是用于距离延伸。

堆叠与级联技术这两个概念既有区别又有联系，堆叠可以看做级联的一种特殊形式。级联的交换机之间可以相距很远，而一个堆叠单元内的多台交换机之间的距离非常近；级联一般是采用普通端口，而堆叠一般采用专用的堆叠模块与堆叠线缆。级联可以用在不同厂商、不同型号的交换机之间；堆叠则必须是同类型可堆叠的交换机之间；级联仅仅是交换机的简单连接，堆叠则是整个堆叠单元作为一台交换机来使用，不但增加了端口密度，而且提高了系统带宽。

子任务 2　配置交换网络

一、子任务描述

某企业今年进行业务拓展，新招了一批员工，扩大了企业规模，现配备约 30 台计算机，使用网络的部门主要有财务部（6 台）、人事部（5 台）、办公室（4 台）、研发部（15 台），网络拓扑结构如图 3-4 所示。企业网络取代了原有的集线器，而采用 3 台 Catalyst 2950 网管型交换机，并通过级联方式组成，实现各部门之间共享网络资源。

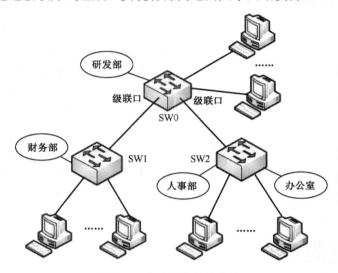

图 3-4　企业网络拓扑结构

二、网络规划

通过分析，可以把企业网络划分为财务部、人事部与办公室、研发部 3 个部分，各部门使用私有 IP 地址，具体 IP 地址分配如表 3-1 所示。

表 3-1　IP 地址分配表

部　　门	设 备 数 量	地 址 规 划	子网掩码
财务部	6 台	192.168.1.2～192.168.1.7	255.255.255.0
财务部	SW1	192.168.1.1	255.255.255.0
人事部、办公室	9 台	192.168.1.11～192.168.1.19	255.255.255.0
人事部、办公室	SW2	192.168.1.10	255.255.255.0
研发部	15 台	192.168.1.21～192.168.1.35	255.255.255.0
研发部	SW0	192.168.1.20	255.255.255.0

三、交换机基本配置

对于交换机的配置，不同厂家提供的配置方法大同小异，但具体配置指令是不一样的。下面以 Catalyst 2950 交换机为例来简单了解交换机的安装和配置。

用交换机随机带的扁平专用线 RJ-45 一端与交换机的 Console 端口相连，另一端九孔接口与计算机的串口（如 COM1 端口）相连，如图 3-5 所示。

交换机的
Console端口

图 3-5　计算机和交换机连接

在计算机上建立超级终端会话：执行"开始"→"程序"→"附件"→"通信"命令，选择"超级终端"，弹出"连接描述"对话框，输入名称（如 Cisco），选择图标后单击"确定"按钮，弹出"连接到"对话框，如图 3-6 所示。

选择所连接的 COM 端口，如 COM1，然后单击"确定"按钮，弹出"COM1 属性"对话框，如图 3-7 所示。

图 3-6　"连接到"对话框　　　　　　　　　图 3-7　"COM1 属性"对话框

在端口属性窗口中，单击"还为默认值"按钮，即波特率为 9600，数据位为 8 位，无奇偶校验，1 位停止位，无数流控制，单击"确定"按钮进入到会话形式。此时，显示出一空白窗口，按 Enter 键进入交换机的命令行状态。

```
Switch>
```

此时，交换机进入用户模式。输入"？"则可以查看该模式下所提供的所有命令集及功能。在用户模式下输入"enable"或"en"，如没有密码，则可进入特权模式。并可用"？"查看特权模式下的命令集。输入"exit"命令则可从特权模式退到用户模式。在特权模式下输入"config terminal"命令就进入全局模式，退出还是用"exit"命令。下面给出了交换机的一些基本配置。

① 配置主机名。

```
Switch(config)#hostname Sw0
```

② 配置以太网端口 3 种工作模式：Access、Multi 和 Trunk。

```
Sw0#config terminal
Sw0(config)#interface f0/2
Sw0(config-if)#switchport mode access
```

③ 配置特权口令。

```
Sw0(config)#enable secret password
Sw0(config)#enable password password
```

④ 配置控制台口令。

```
Sw0(config)#line console 0
Sw0(config-line)#login
Sw0(config-line)#password cisco
```

⑤ 配置辅助接口口令。

```
Sw0(config)#line aux 0
Sw0(config-line)#login
Sw0(config-line)#password cisco
```

⑥ 配置 Telnet 口令。

```
Sw0(config)#line vty 0 4
Sw0(config-line)#login
Sw0(config-line)#password cisco
```

⑦ 配置端口范围。

```
Sw0#config terminal
Sw0(config)#interface range f0/1-10
Sw0(config-if-range)#switchport mode access
```

⑧ 配置端口速度、双工和流控。

```
Sw0#config terminal
Sw0(config)#interface f0/2
Sw0(config-if)#speed 100
Sw0(config-if)#duplex full
Sw0(config-if)#flowcontrol off
```

⑨ 配置交换机管理地址。

```
Sw0#config terminal
Sw0(config)#interface vlan 1
Sw0(config-if)#no shutdown
Sw0(config-if)#ip address 192.168.1.20 255.255.255.0
```

SW1，SW2 配置同理。

子任务 3　认识 VLAN

一、VLAN 概述

随着以太网技术的普及，以太网的规模也越来越大，这使得网络的管理变得更为复杂。在采用共享介质的以太网中，一个节点向网络中某些节点的发送的信息会以广播的方式被网络中的所有节点接收，造成很大的带宽资源和主机处理能力的浪费。交换机虽然能解决冲突域的问题，却不能克服广播域问题。当一个 ARP 广播被交换机转发到与其相连的所有网段时，网络中就有大量的广播存在，这不仅造成了带宽的浪费，还会因过量的广播产生广播风暴。

为了解决上述的问题，虚拟局域网（Virtual Local Area Network，VLAN）应运而生。VLAN 是在局域网交换机的基础上，通过交换机软件将用户组成虚拟工作组或逻辑网段的技术，其最大的特点是在组成逻辑网时无须考虑用户或设备在网络中的物理位置。

二、VLAN 的优点

采用 VLAN 后，在提高网络性能，简化网络管理等方面带来了方便。

1. 提供了一种控制网络广播的方法

将用户划分到不同的 VLAN 中，一个 VLAN 的广播不会影响到其他 VLAN 的性能。即使是同一个交换机上的两个相邻端口，只要它们不在同一个 VLAN 中，则相互之间也不会渗透广播流量。

2. 提高了网络的安全性

VLAN 的数目及每个 VLAN 中的用户数是由网络管理员决定的。网络管理员将可以相互通信的网络节点放在一个 VLAN 内，或将受限制的应用和资源放在一个安全的 VLAN 内，并提供基于应用类型、协议类型、访问权限等不同策略的访问控制表，就可以有效限制广播组或共享域的大小。

3. 简化了网络管理

一方面，可以不受网络用户的物理位置限制而根据用户需求进行网络管理。例如，同一项目或部门中的协作者，功能上有交叉的工作组，共享相同网络应用或软件的不同用户群。另一方面，由于 VLAN 可以在单独的交换设备或跨交换机设备实现，也会大大减少在网络中增加、删除或移动用户时的管理开销。

三、VLAN 的划分方法

每一个 VLAN 都包含一组有着相同需求的计算机工作站，那么，如何把这些工作站划分到同一 VLAN 中呢？主要有以下四种方式。

1. 基于端口划分 VLAN

基于端口的划分方法是把一个或多个交换机上的几个端口划分一个逻辑组，这是最简单、最有效，也是目前最为常用的划分方法。以这种方法划分 VLAN 时，VLAN 可以理解为交换机端口的集合，每一个端口只能属于某个 VLAN。被划分到同一个 VLAN 中的端口可以是在同一个交换机中，也可以来自不同的交换机。基于端口划分非常方便，设置简单，适用于网络环境比较固定的情况。

2. 基于 MAC 地址划分 VLAN

MAC 地址是连接在网络中的每个设备网卡的物理地址，每个网卡都有独一无二的 MAC 地址。基于 MAC 地址划分 VLAN 的方法就是对每个 MAC 地址的主机都配置它属于哪个 VLAN，此种方式构成的 VLAN 就是一些 MAC 地址的集合，解决了网络工作站移动的问题。当某一工作站的物理位置变化时，只要其网卡不变，即 MAC 地址固定，它仍属于原来的 VLAN，无须重新设置。利用 MAC 地址定义 VLAN 可以看成是一种基于用户的网络划分手段，并且同一 MAC 地址可以属于多个 VLAN。该方法的缺点是初始化时需要对所有的用户都进行配置，并且当用户更换网卡时，需要管理员重新进行配置。

3. 基于网络层划分 VLAN

基于网络层来划分 VLAN，有两种方案：一种是按网络层协议来划分；另一种是按网络层地址来划分。

基于网络层协议的划分是在使用多种网络层协议的情况下，可以根据所使用的协议来划分不同的 VLAN，它的每一个 VLAN 可能有不同的逻辑拓扑结构。同一协议的工作站划分为一个 VLAN，交换机检查该工作站的数据帧的类型字段，查看其协议类型，若已存在该协议的 VLAN，则将工作站加入该已存在的 VLAN，否则，创建一个新的 VLAN。这种方式构成的 VLAN，不但大大减少了人工配置 VLAN 的工作量，同时保证了用户自由地增加、移动和修改。

基于网络地址来划分 VLAN，最常见的是根据 TCP/IP 中的子网段地址来划分 VLAN。按此方式划分 VLAN 需要知道子网地址与 VLAN ID 号的映射关系，交换设备根据子网地址将各个主机的 MAC 地址与某一 VLAN 联系起来。采用这种方法，VLAN 之间是自动的，不需要外部路由器。而且，这种方法不需要附加的帧标签来识别 VLAN，这样可以减少网络的通信量。但该方法效率较低，因为检查数据包中网络地址的时间开销比检查帧中的 MAC 地址时间开销要大。

4. 基于 IP 组播划分 VLAN

IP 组播实际上也是一种 VLAN 的定义，即认为一个组播组就是一个 VLAN。任何一个工作站都有机会成为某一个组播组的成员，只要它对该组播组的广播确认信息给予肯定的回答。所有加入同一组播组的工作站被视为同一个 VLAN 的成员，他们的这种成员身份具有临时性，根据实际需要可以保留一定的时间。因此，利用 IP 组播来划分 VLAN 的方法具有很高的灵活性，各站点可以动态地加入某一个 VLAN 中。

四、VLAN 间的互联

要实现不同 VLAN 之间的互联，可以使用传统的路由器。但是该方法对路由器性能的要求较高，如果路由器发生故障，则 VLAN 之间就不能通信。如果交换机本身带有路由功能，则 VLAN 之间的互联就可以在交换机内部实现，即采用第三层交换技术。三层交换技术的出现，解决了局域网中网段划分之后，网段中子网必须依赖路由器进行管理的局面，解决了传统路由器低速、复杂所造成的网络瓶颈问题，也就很好地解决了不同 VLAN 之间的数据通信问题。

子任务 4　规划 VLAN

一、子任务描述

某企业现有约 30 台计算机，使用网络的部门主要有财务部（6 台）、人事部（5 台）、办公室（4 台）、研发部（15 台），网络拓扑结构如图 3-8 所示。整个网络采用 3 台 Catalyst 2950 网管型交换机通过级联方式组成，用户主要分布在 4 个部门。现要对 4 个部门的用户单独划分 VLAN，以确保部门网络资源的安全。

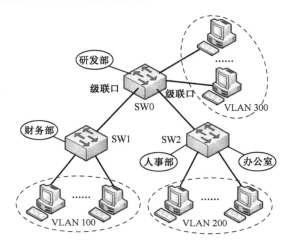

图 3-8　划分企业网络 VLAN

二、VLAN 规划

通过分析，可以把企业网络划分为财务部、人事部与办公室、研发部 3 个部分，划分为 3 个 VLAN，对应的 VLAN 号分别为 100、200、300。各 VLAN 对应的 VLAN 组名分别为：cwb、rsb、yfb。各 VLAN 对应的端口分布如表 3-2 所示。

表 3-2　VLAN 端口分配表

VLAN 号	VLAN 组名	部　　门	端　口　号
100	cwb	财务部	SW1：2～7
200	rsb	人事部、办公室	SW2：2～10
300	yfb	研发部	SW0：2～16

三、VLAN 的配置

（1）设置好超级终端，连接上 c2950 交换机，通过超级终端配置交换机的 VLAN。连接成功后，选择命令行配置界面，进入交换机的普通用户模式，输入"enable"命令进入特权模式。

（2）在特权模式提示符#下，输入进入全局配置模式的命令"config t"，进入全局配置模式。

```
Switch#config t
Switch(config)#
```

（3）分别给交换机重命名。

```
Switch(config)#hostname Sw0
Sw0(config)#
```

（4）设置 VLAN 名称。在 SW0～SW2 上配置 100、200、300 号 VLAN 组的配置命令为。

```
Sw0(config)#vlan 300 name yfb
Sw1(config)#vlan 100 name cwb
Sw2(config)#vlan 200 name rsb
```

（5）将表中各端口添加到对应的 VLAN 中。

```
Sw0(config)#interface f0/2              （进入端口配置模式）
Sw0(config)#switchport mode access      （设置端口为链路接入模式）
Sw0(config)#switchport access vlan 300  （把该端口添加到 VLAN300 中）
Sw0(config)#interface f0/3
Sw0(config)#switchport mode access
Sw0(config)#switchport access vlan 300
…
…
Sw0(config)#interface f0/16
Sw0(config)#switchport mode access
Sw0(config)#switchport access vlan 300
```

对于连续的端口，可以使用命令 "interface range f0/2 -16" 来指定，在 SW1、SW2 交换机上的 VLAN 端口号配置参照以上方法。

（6）在命令行方式下输入 "show vlan" 命令，交换机返回的信息显示了当前交换机的 VLAN 个数、VLAN 编号、VLAN 名字、VLAN 状态。

（7）删除 VLAN

当一个 VLAN 的存在没有任何意义时，可以将它删除。方法如下。

① 输入 "vlan database" 命令进入交换机的 VLAN 数据库维护模式。

② 输入 "no vlan 100" 命令将 VLAN100 从数据库中删除。当一个 VLAN 被删除后，原来分配给该 VLAN 的端口将处于非激活状态，它不会自动分配给其他的 VLAN。

③ 输入 "exit" 命令退出 VLAN 数据库维护模式。

④ 输入 "show vlan" 命令查看当前交换机的 VLAN 配置情况。

四、VLAN 的验证

（1）在同一 VLAN 的计算机之间可以正常进行通信。

（2）在不同 VLAN 的计算机之间不能正常进行通信。

（3）要实现不同 VLAN 之间的计算机通信，必须使用第三层网络设备，如三层交换机或路由器。

任务 11　组建企业三层交换网络

子任务 1　认识三层交换

一、认识三层交换技术

三层交换是相对于传统交换概念而言的。交换是从一个接口接收，然后通过另一个接口发出的过程。第二层与第三层交换的区别在于确定输出接口上帧的信息类型。

二层交换技术在 OSI 模型中的数据链路层中进行。在第二层交换中，帧的交换是基于 MAC 地址信息。第二层交换技术在通信的过程中，通过检查数据帧，并根据数据帧中目标 MAC 地址来转发信息。二层交换设备将收到的以太网帧，通过分析收到的数据帧目标 MAC 地址，查询交换机中的 MAC 地址与端口映射表，把信息转发到适当的接口。如果二层交换机中的 MAC 地址与端口映射表中没有记录，交换机将帧通过广播方式转发到所有端口。

三层交换技术是二层交换技术+三层转发技术。三层交换技术是在网络层进行的，帧的交换是基于网络层信息即 IP 地址进行的。三层交换技术通过检查网络层收到的数据包信息，并根据网络层目标 IP 地址转发数据包。与固定的第二层 MAC 物理寻址系统不同，第三层 IP 地址由网络管理员配置、管理。三层交换技术的出现，改变了局域网中网段划分后，网段中的子网必须依赖路由进行管理的局面。解决了传统组网中使用路由器连接子网，而造成网络低速、结构复杂等网络瓶颈的问题。

二、三层交换机工作原理

三层交换机是一个带有第三层路由功能的二层交换机，但它是二者的有机结合，并不是简单地把路由器设备的硬件及软件叠加在局域网交换机上。

假设两个使用 IP 协议的站点 A、B 通过第三层交换机进行通信，发送站点 A 在开始发送时，把自己的 IP 地址与站点 B 的 IP 地址比较，判断站点 B 是否与自己在同一子网内。若目的站点 B 与发送站 A 在同一子网内，则进行二层的转发。若两个站点不在同一子网内，如发送站 A 要与目的站 B 通信，发送站 A 要向"默认网关"发出 ARP（地址解析）封包，而"默认网关"的 IP 地址其实是三层交换机的三层交换模块。当发送站 A 对"默认网关"的 IP 地址广播出一个 ARP 请求时，如果三层交换模块在以前的通信过程中已经知道站点 B 的 MAC 地址，则向发送站 A 回复 B 的 MAC 地址。否则三层交换模块根据路由信息向站点 B 广播一个 ARP 请求，站点 B 得到此 ARP 请求后向三层交换模块回复其 MAC 地址，三层交换模块保存此地址并回复给发送站 A，同时将站点 B 的 MAC 地址发送到二层交换引擎的 MAC 地址表中。从这以后，当 A 向 B 发送的数据包便全部交给二层交换处理，信息得以高速交换。由于仅仅在路由过程中才需要三层处理，绝大部分数据都通过二层交换转发，因此三层交换机的速度很快，接近二层交换机的速度，同时比相同路由器的价格低很多。

三、三层交换机的种类

三层交换机根据其处理数据的不同而分为纯硬件和纯软件两大类。

　　纯硬件的三层技术相对来说技术复杂，成本高，但是速度快，性能好，负载能力强。其原理是采用 ASIC 芯片，使用硬件的方式进行路由表的查找和刷新，如图 3-9 所示。当数据由接口芯片接收后，首先在二层交换芯片中查找相应目的 MAC 地址，如果查到就进行二层转发，否则将数据发送到三层引擎。在三层引擎中，ASIC 芯片查找相应路由表信息，与数据目的 IP 地址相比较，然后发送 ARP 数据包到目的主机，得到该主机的 MAC 地址，将 MAC 地址发到二层芯片，由二层芯片转发该数据包。

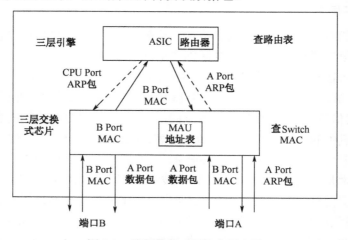

图 3-9　纯硬件的三层技术原理图

　　基于软件的三层交换技术较简单，但速度较慢，不适合作为主干网络连接。其工作原理（图 3-10）是利用 CPU 以软件的方式查找路由表，当数据由接口芯片接收以后，首先在二层交换芯片中查找相应的目的 MAC 地址，如果查到，就进行二层转发；否则将数据发送至 CPU，由 CPU 查找相应的路由表信息，与数据的目的 IP 地址相比较，根据 IP 地址然后发送 ARP 广播包，在网络内部查询到该主机的 MAC 地址，再将 MAC 地址发送到二层芯片，由二层芯片转发该数据包。因为依赖于 CPU 的处理速度，这种方式处理速度较慢。

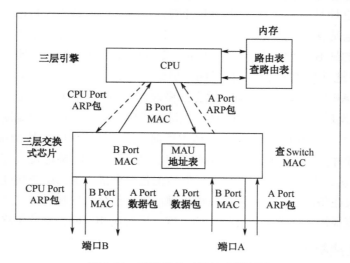

图 3-10　纯软件的三层技术原理图

子任务 2　认识子网

一、子任务描述

现有四台计算机、一台交换机，分别将计算机用直通双绞线和交换机端口相连，无需指定交换机端口，如图 3-11 所示。

1. 方式一：不划分子网

（1）将四台计算机的 IP 地址分别设置为 192.168.0.1、192.168.0.2、192.168.0.3、192.168.0.4，采用默认子网掩码。

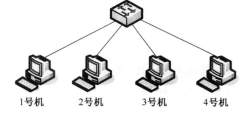

（2）测试计算机之间的连通性。

图 3-11　子网案例

2. 方式二：划分子网

（1）将网络中的计算机设置成不同的子网。

（2）两台计算机的 IP 地址为 192.168.1.65 和 192.168.1.66，子网掩码为 255.255.255.192。

（3）另两台计算机的 IP 地址为 192.168.1.129 和 192.168.1.130 ，子网掩码为 255.255.255.192。

（4）测试计算机之间的连通性，观察测试结果。因为前两台计算机和后两台计算机不在同一个子网内，所以它们不能相互通信。

二、子网掩码

1. 子网掩码的概念和作用

Internet 发展得非常迅速，IP 地址资源显得越来越紧张。人们发现原先的 IP 网络划分过于死板，不能充分利用地址资源。以 A 类地址为例：一个 A 类地址最多可以有 16777214 台主机，但实际上不可能有任何网络存在这么多主机。无论将 A 类地址分给任何一个组织，绝大多数的地址资源都会被浪费掉。人们需要在原先有 IP 网络划分的基础上，创建一个补救措施，将大的网络划分成多个较小的网络，从而降低地址资源的浪费。因此，提出了子网掩码的概念。

子网掩码的作用就是对网络进行重新划分，以实现地址资源的灵活应用。最初的子网掩码仅仅是将大的网络划分为若干小的网络。这样一来，IP 地址的结构就由原先的网络段+主机段，变为网络段+子网段+主机段，如图 3-12 所示。

网络段	子网段	主机段

图 3-12　子网掩码结构图

引入子网掩码概念后，如果两个 IP 地址彼此之间的网络段和子网段完全对应，则这两个 IP 地址属于同一个子网；如果网络段或子网段有任何一个不对应，则这两个 IP 地址不属于同一个子网。

2. 子网掩码的表达方式

子网掩码的表达方式和长度与 IP 地址相同，也是每 8 位一组的发十进制表示法，长 4 个字节（32 位）。将子网掩码采用二进制表示时，"1" 表示 IP 地址的对应位为网络位，"0" 表示 IP 地址的对应位为主机位。子网掩码规定：网络位在前，主机位在后。通俗地说就是二进制表示时，"1"的前面不得有"0"。例如：IP 地址为 202.116.64.20，子网掩码为 255.255.255.192，则网络划分如图 3-13 所示。

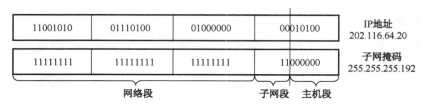

图 3-13　子网掩码

按照原先的定义，IP 地址为 202.116.64.20，表明这是个 C 类地址，前 24 位为网络段，后 8 位为主机段。当采用 255.255.255.192 的子网掩码对其进行网段划分后，前 26 位为网络段，后 6 位为主机段。在这 26 位的网络段中，原先 C 类地址的前 24 位网络段依然称为网络段，后 2 位则称为子网段。这种划分方式也可以说是：将原先的 8 位主机段中分出两位作为子网段。

四个子网的 IP 地址范围如表 3-3 所示。

表 3-3　各子网 IP 地址汇总表

子网号	地址范围	子网掩码	可分配地址数量	网络地址	广播地址
0	202.116.64.0～ 202.116.64.63	255.255.255.192	2^6-2	202.116.64.0	202.116.64.63
1	202.116.64.64～ 202.116.64.127	255.255.255.192	2^6-2	202.116.64.64	202.116.64.127
2	202.116.64.128～ 202.116.64.191	255.255.255.192	2^6-2	202.116.64.128	202.116.64.191
3	202.116.64.192～ 202.116.64.255	255.255.255.192	2^6-2	202.116.64.192	202.116.64.255

在每个子网中，主机位全"0"代表网络本身，主机位全"1"代表网络内广播。因此在给主机分配 IP 地址时，不能分配主机位全"0"或全"1"的地址。

需要特别说明的是，早期的一些网络软件不支持子网全是"0"的子网和子网段全"1"的子网，这造成了巨大的地址资源浪费。例如，当子网段长度为 1 位的时候，地址资源浪费率为 100%；当子网段长度为 2 位的时候，地址资源浪费率为 50%。这种规则已经被废止，现在的网络软件都已支持子网段为全"0"或全"1"的子网。

引入子网掩码的概念后，表达 IP 地址时就需要附加相应的子网掩码。例如子网 1 可以表示为 202.116.64.46/255.255.255.192。这种表达方式相对比较烦琐，除此之外还有另外一种相对简单的表达子网掩码的方式，就是用子网掩码中二进制"1"的数量来替代点分十进制表示法。例如子网 1 也可以表示为 202.116.64.64/26。

3．默认子网掩码

由于 A、B、C 类 IP 地址已经规定了网络段和主机段的大小，因此在引入子网掩码概念时，必须继承原先的网络划分方式。在没有特别指定子网掩码时，A、B、C 类 IP 地址还应该遵循最初定义的网络段和主机段的划分方式。

为此，规定了 A、B、C 类 IP 地址的默认子网掩码，如表 3-4 所示。

表 3-4 A、B、C 类 IP 地址的默认子网掩码

IP 地址类型	默认子网掩码	子网掩码对应的二进制表达形式
A 类	255.0.0.0	11111111.00000000.00000000.00000000
B 类	255.255.0.0	11111111. 11111111.00000000.00000000
C 类	255.255.255.0	11111111. 11111111. 11111111.00000000

三、子网规划的原则

1. IP 地址的分配

IP 地址空间分配，要与网络拓扑层次结构相适应，既要有效地利用地址空间，又要体现出网络的可扩展性和灵活性，同时要能满足路由协议的要求，以便于网络中的路由聚类，减少路由器中路由表的长度，减少对路由器 CPU、内存的消耗，提高路由算法的效率，加快路由变化的收敛速度，同时还要考虑到网络地址的可管理性。具体分配时要遵循以下原则。

● 唯一性：一个 IP 网络中不能有两个主机采用相同的 IP 地址。

● 简单性：地址分配应简单易于管理，降低网络扩展的复杂性，简化路由表项。

● 连续性：同一个区域分配连续的网络地址，便于缩减路由表的表项，提高路由器的处理效率。

● 可扩展性：地址分配在每一层次上都要留有余量，在网络规模扩展时能保证地址聚合所需的连续性。

● 灵活性：地址分配应具有灵活性，以满足多种路由策略的优化，充分利用地址空间。

● 安全性：网络内应按工作内容划分成不同网段（子网）以便管理。

2. IP 地址分配方案

企业网 IP 地址分配包括从 ISP 申请的公有地址和内部私有地址两种。

（1）公有 IP 地址的分配

公有地址作为和国际互联网互联的地址，在对企业网 IP 地址进行分配时，要本着节约的原则，合理分配，充分利用。

首先确定公有地址的使用者。如网络中心的服务器及工作人员用机，企业内的科研人员、重点实验室等。

IP 地址的分配可按单位及区域进行分配。对需要的 IP 地址多且发展潜力大的部门可为其分配一个独立的 C 类地址，对那些只需少量地址的部门可按地理位置等，让几个部门共用一个 C 类地址，为了便于管理，可将一个 C 类地址子网化，但子网的数量不宜过多，因为子网化是以牺牲部分 IP 地址为代价的。

（2）私有 IP 地址的分配

在做网络规划时，应先设计网络的私有部分。原则上所有的内部连接都应使用私有地址空间，然后在需要的地方设计公有子网并设计外部连接。这样，当网内某台主机地址发生变化时，仅对这台主机重新编址并安装所需的物理子网即可。

三类私有 IP 地址，任何局域网都可使用，具体使用哪一类，视网络规模而定。如果要

通过划分子网来管理，用 24 位的私有地址空间较合适，在进行子网划分时要充分考虑到网络的扩展。若子网化有困难，可以 C 类网络为单位，分片划分 IP。为了便于路由的聚合，在地址的分配上应使用连续的 C 类地址。使用这部分地址的用户要和国际互联网发生联系，须采用 NAT 转换技术将内部地址转换成外部地址。

我们在规划企业网的 IP 地址时，需要根据网络的规模和实际应用情况来规划。小型企业使用一个 C 类地址就够了，而对于中等规模的企业局域网，通常需要使用一个 B 类地址，或者使用多个 C 类地址。

对于一个私有网络，IP 地址的使用是不受太多限制的，但通常使用私有地址来规划网络地址。但是，当网络里的计算机比较多时，会产生很大的广播流量，影响通信速率，有时甚至会产生广播风暴，导致整个网络的瘫痪。也有的企业在不同部门之间需要限制访问，提高安全性。这时就需要划分虚拟局域网，达到限制广播流量和提高安全性的目的。

对于申请公网地址来组网的企业，更要仔细规划企业网的 IP 地址，以达到节约地址的目的。

子任务 3　规划子网

一、子任务描述

某企业规模不断扩大，各部门都有了自己的局域网，架设了企业的服务器，各接入层交换机上联到企业的三层交换机，企业通过专线方式接入了 Internet。现公司申请了 1 个 C 类 IP 地址 202.114.12.0/24 供内部使用，如图 3-14 所示。

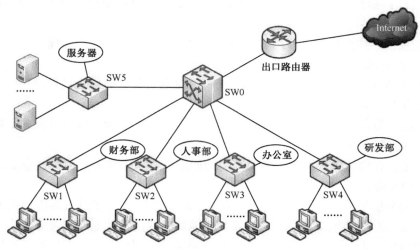

图 3-14　企业网络子网划分拓扑结构图

二、子网规划

1. 子网分析

由于公司申请到了 1 个 C 类公网 IP 地址，所以在公司内部可以直接采用公有地址的分配方案，但为了节约 IP 地址的使用，便于管理，需要采用子网划分的方法实现 IP 地址分配。并且为了实现各部门的互联，还需在三层交换机上实现子网的互联。

2．子网划分

（1）确定子网掩码

总部只涉及 5 个部门，由 $2^3>6$，所以在子网划分时需要从原有主机位借出其中的高 3 位作为子网号，便可得到 8 个子网，从而确定子网掩码为：255.255.255.224。

（2）计算机新的子网 ID

由子网掩码 255.255.255.224 可以得到的子网 ID 有 8 个：000、001、010、011、100、101、110、111。可使用的子网 ID 有 001、010、011、100、101、110。即子网地址为 202.114.12.32、202.114.12.64、202.114.12.96、202.114.12.128、202.114.12.160、202.114.12.192 共 6 个子网。

（3）计算子网的主机地址

用原来默认的主机地址减去 3 个子网位，剩下的就是主机位了。所以 8-3=5 个主机位，则每个子网的主机数目为 $2^5-2=30$。每个子网的信息如表 3-5 所示。其中，第 1 个子网因网络号与未进行子网划分前的原网络号 202.114.12.0 重复而不可用，第 8 个子网因为广播地址与未进行子网划分前的原广播地址 202.114.12.255 重复而不可用，这样可以选择其中 6 个可用子网的网段进行 IP 地址分配。

表 3-5　子网 IP 地址分配表

子网编号	子网位	子网地址	子网地址范围	分配部门
1	001	202.114.12.32	202.114.12.33～202.114.2.62	财务部
2	010	202.114.12.64	202.114.12.65～202.114.2.94	人事部
3	011	202.114.12.96	202.114.12.97～202.114.2.126	办公室
4	100	202.114.12.128	202.114.12.129～202.114.2.158	研发部
5	101	202.114.12.160	202.114.12.161～202.114.2.190	服务器
6	110	202.114.12.192	202.114.12.193～202.114.2.222	备用

（4）划分后的网络拓扑图如图 3-15 所示。

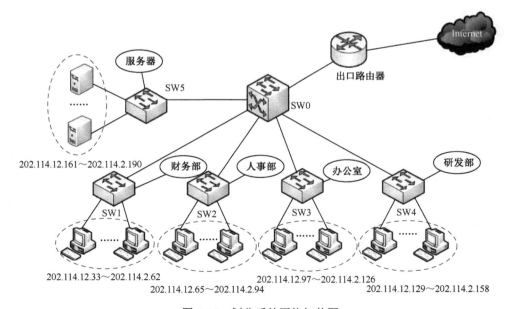

图 3-15　划分后的网络拓扑图

子任务 4 构建三层交换网络

一、子任务描述

随着企业规模扩大，企业对各部门划分了 VLAN，并配置了子网地址，现想通过三层交换机实现对各部门 VLAN 的互联，并配置路由实现企业对外网的访问，发布自己的服务器，如图 3-16 所示。

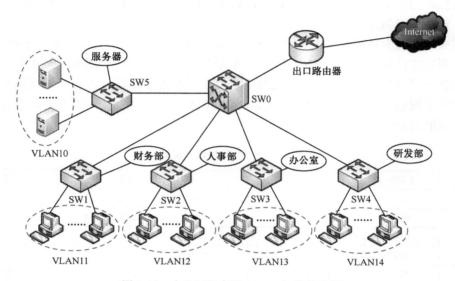

图 3-16   企业网络实现 VLAN 拓扑结构图

二、任务实施

1. 任务分析

通过分析，可以把企业网络划分为财务部、人事部、办公室、研发部及服务器群 5 个部分，划分为 5 个 VLAN，对应的 VLAN 号分别为 11、12、13、14、10。各 VLAN 对应的 VLAN 组名及子网地址范围、网关地址如表 3-6 所示。

表 3-6   企业网络 VLAN 对应表

VLAN 编号	VLAN 组名	部　　门	子网地址范围	网 关 地 址
10	Fwq	服务器	202.114.12.162/27～202.114.2.190/27	202.114.12.161
11	Cwb	财务部	202.114.12.34/27～202.114.2.62/27	202.114.12.33
12	Rsb	人事部	202.114.12.66/27～202.114.2.94/27	202.114.12.65
13	Bgs	办公室	202.114.12.98/27～202.114.2.126/27	202.114.12.97
14	Yfb	研发部	202.114.12.130/27～202.114.2.158/27	202.114.12.129

2. 任务实施

（1）配置接入层交换机。

① 在特权模式提示符#下，输入进入全局配置模式的命令"config t"，进入全局配置模式。

```
Switch# config t
Switch(config)#
```

②分别给交换机重命名。

```
Switch(config)# hostname Sw1
Sw1(config)#
```

③ 设置 VLAN 名称。在 SW1～SW5 上配置 11、12、13、14、10 号 VLAN 组的配置命令为：

```
Sw1(config)#vlan 11 name cwb
Sw2(config)#vlan 12 name rsb
Sw3(config)#vlan 13 name bgs
Sw4(config)#vlan 14 name yfb
Sw5(config)#vlan 10 name fwq
```

④ 将各端口添加到对应的 VLAN 中。

```
Sw1(config)#interface range f0/1 -15      （进入 1～15 号端口配置模式）
Sw1(config)#switchport mode access        （设置端口为链路接入模式）
Sw1(config)#switchport access vlan 11     （把这些端口添加到 VLAN11 中）
```

在 SW2～SW5 交换机上的 VLAN 端口号配置参照以上方法。

（2）配置三层交换机。

① 将三层交换机的级联端口到对应 VLAN 中。

```
Sw0(config)#interface f0/1                （进入端口，1 号端口对应财务部）
Sw0(config)#switchport mode access        （设置端口为链路接入模式）
Sw0(config)#switchport access vlan 11     （把端口添加到 VLAN11 中）
```

同理，将其他端口添加到对应 VLAN 中。

② 通过三层交换机 SW0 路由功能，实现各 VLAN 之间的互联。

```
Sw0(config)# ip routing                   （启用三层交换机的路由功能）
Sw0(config)# interface vlan 11            （进入 VLAN11 端口配置模式）
Sw0(config-if)#no shutdown               （激活该端口）
Sw0(config-if)#ip address 202.114.12.33 255.255.255.0  （配置端口 IP 地址）
Sw0(config-if)#exit                                      （退回到全局模式）
Sw0(config)# interface vlan 12
Sw0(config-if)#no shutdown
Sw0(config-if)#ip address 202.114.12.65 255.255.255.0
Sw0(config-if)#exit
```

同理，配置其他 VLAN 的端口 IP 地址。

（3）配置各部门终端计算机，测试连通性。

经测试，各部门之间的计算机可以正常通信。

任务 12　企业网络接入 Internet

我们办公、学习、娱乐都离不开互联网，现在网络的方便快捷都得益于网络技术的飞速发展。以前使用电话线拨号的方式上网，网速慢不说，还要付出很大的经济代价，而现在，ADSL 接入、专线接入、光纤接入，传输速率快了许多，而且价格也相对便宜，甚至出现了无线上网、电力线上网等先进技术。

子任务 1　认识网络接入技术

一、拨号接入技术

最早的时候，人们上网采用的是电话线拨号的方式，为计算机配一个调制解调器，也就是我们通常称的"猫"，与电话线相连，就可以实现拨号上网了。电话线上网的理论速度为 56Kbps，除去系统本身保留带宽，上行带宽占有再加上线路自身问题，下载速度最好也只能达到 5～6Kbps。这种上网方式现在几乎已经淘汰。

二、ADSL 宽带接入技术

ADSL（Asymmetric Digital Subscriber Line，非对称数字用户线)是一种通过现有普通电话线为家庭、小公司提供宽带数据传输服务的技术。ADSL 即非对称数字信号传送，它能够在现有的铜双绞线，即普通电话线上提供高达 8Mbps 的高速下行速率。这种上网方法还是要依赖电话线，将电话线与 ADSL Modem 相连，然后将 ADSL 与以太网卡用网线连接来实现。

三、DDN 专线接入技术

DDN（Digital Data Network），是以数字连接为核心技术，集合数据通信技术、数字通信技术、光纤通信技术等技术，利用数字信道传输数据的一种数据接入业务网络。它主要只完成 OSI 七层协议中物理层和部分数据链路层协议的功能。用户端设备（主要为网关路由器）一般通过基带 Modem 或 DTU 利用市话双绞线实现网络接入。

DDN 的主要的优势如下。

（1）传输质量高、时延短、速率高，一般为 9.6Kbps～2.048Mbps。

（2）提供的数字电路为全透明的半永久性连接。

（3）网络的安全性很高。

（4）方便地为用户组建 VPN（Virtual private Network）。

DDN 的不足之处如下。

（1）对于部分用户而言，费用相对偏高。

（2）网络灵活性不够高。

比较适合要求可靠性高而经济能力强的企业接入。

四、帧中继接入技术

帧中继（Frame Relay）是在分组交换网的基础上，结合数字专线技术而产生的数据业务网络。在某种程度上它被认为是一种"快速分组交换网"。它是当前数据通信中一项重要的业务网络技术。用户的 LAN 一般通过网关路由器接入帧中继网。

其主要优势表现为提高了传输速度。速率范围一般为 9.6Kbps~2.048Mbps。它采用了 PVC 技术。采用了统计复用技术，用户费用相对经济。比较适合既要求高速又要求经济的企业接入。

五、ISDN 接入技术

ISDN（Integrated Service Digital Network），即综合业务数字网。它利用公众电话网向用户提供了端对端的数字信道连接，用来承载包括话音和非话音在内的各种电信业务。现在普遍开放的 ISDN 业务为 N-ISDN，即窄带 ISDN，故我们只分析 N-ISDN（下面的 ISDN 指 N-ISDN）。

ISDN 业务俗称"一线通"，它有两种速率接入方式：BRI（Basic Rate Interface），即 2B+D；PRI（Primary Rate Interface），即 30B+D。

BRI 接口包括两个能独立工作的 B 信道（64Kbps）和一个 D 信道（16Kbps），其中 B 信道一般用来传输话音、数据和图像，D 信道用来传输信令或分组信息（现尚未开放业务）。PRI 接口的 B 和 D 皆为 64Kbps 的数字信道。2B+D 方式的用户设备通过 NTI 或 NTIPIus 设备实现联网；30B+D 方式的用户设备则通过 HDSL 设备（利用市话双绞线）或光 Modem 及光端机（利用光纤）实现网络接入。

同 DDN 和帧中继相比，它主要优势如下。

（1）业务实现方便，提供的业务种类丰富。ISDN 基于现有的公众电话网，凡是普通电话覆盖到的地方，只要电话交换机有 ISDN 功能模块，即可为用户提供 ISDN 业务。而对于 DDN 和帧中继，则需自己的系统节点机。ISDN 业务的种类繁多，包括普通电话、联网、可视电话等基本业务及主叫号码显示等许多补充业务。

（2）用户使用非常灵活便捷。对于 2B+D，用户既可以作为两部电话同时使用，又可以 64 Kbps 联网，另一 64Kbps 用于普通电话；还可根据需要以 128Kbps 速率联网。而 30B+D 可使用户灵活、高速联网。

（3）适宜的性价比。因为 ISDN 按使用的 B 信道进行通信计费，而 1B 信道的国内通信费率等同于普通电话通信费率（按应用最为广泛的电路交换方式），不难发现，对于通信量较少、通信时间较短的用户，选用 ISDN 的费用远低于租用 DDN 专线或帧中继电路的费用。

从其自身特点分析，ISDN 适合于个人家庭用户或 SOHO 用户接入因特网。

六、Cable-modem 接入技术

Cable-Modem（线缆调制解调器）是近两年开始试用的一种超高速 Modem，它利用现成的有线电视（CATV）网进行数据传输，已是比较成熟的一种技术。随着有线电视网的发展壮大和人们生活质量的不断提高，通过 Cable Modem 利用有线电视网访问 Internet 已成为越来越受业界关注的一种高速接入方式。

由于有线电视网采用的是模拟传输协议，因此网络需要用一个 Modem 来协助完成数字数据的转化。Cable-Modem 与以往的 Modem 在原理上都是将数据进行调制后在 Cable（电缆）的一个频率范围内传输，接收时进行解调，传输机理与普通 Modem 相同，不同之处在于它是通过 CATV 的某个传输频带进行调制解调的。

Cable Modem 连接方式可分为两种：对称速率型和非对称速率型。前者的 Data Upload（数据上传）速率和 Data Download（数据下载）速率相同，都在 500Kbps～2Mbps 之间；后者的数据上传速率在 500Kbps～10Mbps 之间，数据下载速率为 2Mbps～40Mbps。

采用 Cable-Modem 上网的缺点是由于 Cable Modem 模式采用的是相对落后的总线型网络结构，这就意味着网络用户共同分享有限带宽；另外，购买 Cable-Modem 和初装费也都不算很便宜，这些都阻碍了 Cable-Modem 接入方式在国内的普及。但是，它的市场潜力是很大的，毕竟中国 CATV 网已成为世界第一大有线电视网。

七、电力线接入技术

电力线上网是一项比较新的技术，抛开了传统的电缆网线，而是利用电力线传输数据。用户只需要通过连接在计算机上的"电力猫"，再插入家中任何一个电源插座，就能够实现快速上网冲浪。

电力线上网具有结构灵活，适用范围广，成本低等特点。使用电力线上网，不受环境限制，有电即可组建网络，而且能够灵活扩展接入端口数量，特别是在一些结构复杂的环境下，不需重新布置网线，另外充分利用了低压配电网络基础设施，节约资源。这种网络接入方式能够广泛地适用于居民小区、酒店、办公区、监控安防等领域。

子任务 2　宽带路由器接入 Internet

一、子任务描述

某企业现配备约 30 台计算机，使用网络的部门主要有财务部（6 台）、人事部（5 台）、办公室（4 台）、研发部（15 台），网络拓扑结构如图 3-17 所示。企业网络采用 3 台 Catalyst 2950 网管型交换机级联组成，实现各部门共享网络资源。现企业想将网络接入到 Internet，实现各部门计算机以共享方式上网。

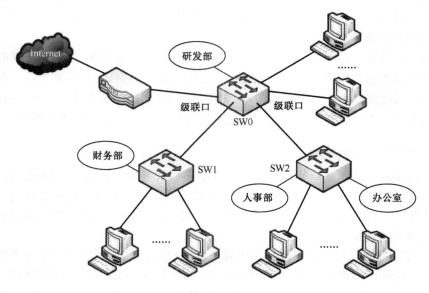

图 3-17　企业网络接入 Internet

二、任务实施

（1）任务分析

由于企业规模较小，对于小型企业局域网，通过宽带路由器方式即可实现共享上网。针对目前应用广泛的 ADSL 宽带接入，宽带路由器可以完成自动拨号，其他计算机可以通过宽带路由器共享上网。具体 IP 地址规划如表 3-7 所示。

表 3-7　企业网络 IP 地址规划表

部　　门	设 备 数 量	地　址　规　划	网 关 地 址
财务部	6 台	192.168.1.2/24～192.168.1.7/24	192.168.1.254
人事部、办公室	9 台	192.168.1.11/24～192.168.1.19/24	192.168.1.254
研发部	15 台	192.168.1.21/24～192.168.1.35/24	192.168.1.254

（2）任务实施

① 用直通双绞线连接宽带路由器的 LAN 口与管理计算机的以太网卡。

② 设置管理计算机的 IP 地址。打开"Internet 协议（TCP/IP）属性"对话框，在"常规"选项卡中，设置本地连接的"IP 地址"和"子网掩码"分别是"192.168.1.x"（x 表示任意，只需在相同网段即可）和"255.255.255.0"，完成网络 IP 地址设置，如图 3-18 所示。

图 3-18　"Internet 协议（TCP/IP）属性"对话框

③ 打开浏览器，在地址栏里输入"http://192.168.1.1"，打开路由器的 Web 管理登录对话框，如图 3-19 所示。

图 3-19　路由器的 Web 管理登录

④ 输入用户名和密码登录宽带路由器，打开路由器配置窗口，路由器会弹出"设置向导"对话框，如图 3-20 所示。

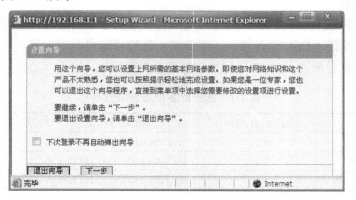

图 3-20　"设置向导"对话框

⑤ 设置 LAN 口 IP 地址。选择"网络参数"→"LAN 口设置"选项，设置"IP 地址"为"192.168.1.254"，"子网掩码"为"255.255.255.0"，如图 3-21 所示。

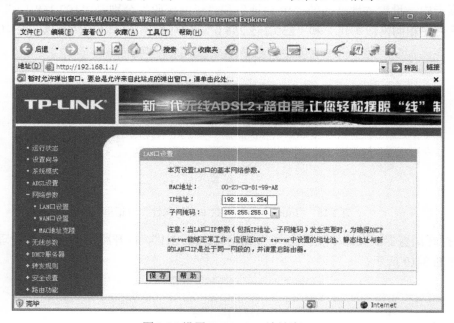

图 3-21 设置 LAN 口 IP 地址窗口

⑥ 设置 WAN 口连接 Internet ISP。选择"WAN 口设置"选项，设置"WAN 口连接类型"为"PPPoE"，选中"正常拨号模式"单选按钮，输入上网账号和密码，连接 Internet ISP 网络，最后保存设置，如图 3-22 所示。

⑦ 选择"运行状态"选项，显示路由器运行状态，如图 3-23 所示

⑧ 设置部门计算机网卡属性。打开"Internet 协议（TCP/IP）属性"对话框，在"常规"选项卡中，设置本地连接的"IP 地址"和"子网掩码"分别是"192.168.1.2"和"255.255.255.0"，完成网络 IP 地址设置，如图 3-24 所示。设置"默认网关"和"首选 DNS 服务器"及"备选 DNS 服务器"都是"192.168.1.254"。

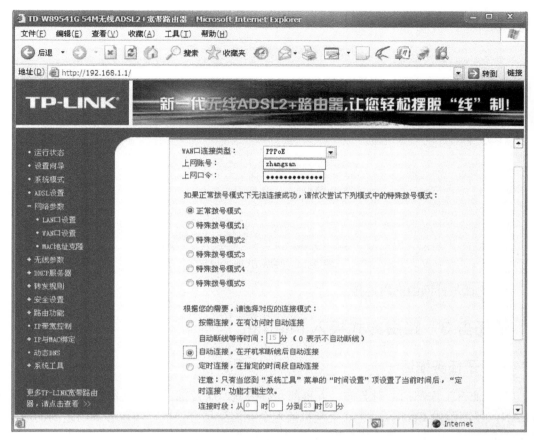

图 3-22　设置 WAN 口连接 Internet ISP 窗口

图 3-23　路由器运行状态

图 3-24　网络 IP 地址设置

⑨ 测试与外网的网络连接。

子任务 3　路由方式接入 Internet

一、子任务描述

某企业有工作部门：财务部、人事部、办公室、研发部，企业网络按部门划分了 4 个 VLAN，每部门由 Catalyst 2950 交换机接入企业汇聚层交换机，实现各部门之间的通信。企业又配置了一台路由器，想通过 DDN 专线方式接入 Internet，并且对外发布自己的服务器，通过向 ISP 申请，获得 218.194.13.55～218.194.13.58 几个公网地址。网络拓扑结构如图 3-25 所示。

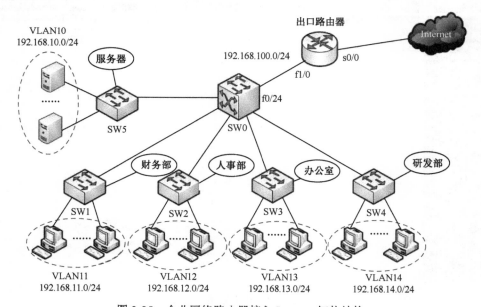

图 3-25　企业网络路由器接入 Internet 拓扑结构

二、任务实施

1. 任务分析

企业通过配置出口路由器，采用 DDN 专线方式接入 Internet。由于从 ISP 申请到几个公网地址，故企业内部网络采用私有地址规划。

企业内部计算机使用私有地址访问外网时，由于地址无法被路由，从而导致无法访问互联网资源。解决这一问题的办法是利用路由提供的 NAT（Network Address Translation）地址转换功能，将内部的私有地址转换成互联网上合法的公有地址，使得不具有合法 IP 地址的用户可以通过 NAT 访问到外部 Internet。这样做的好处是无须配备代理服务器，减少投资，还可以节约合法 IP 地址，并提高了内部网络的安全性。具体 VLAN 及 IP 地址规划如表 3-8 所示。

表 3-8   企业网络具体 VLAN 及 IP 地址规划

VLAN 编号	部门	子网地址范围	网 关 地 址
10	服务器	192.168.10.2/24～192.168.10.254/24	192.168.10.1
11	财务部	192.168.11.2/24～192.168.11.254/24	192.168.11.1
12	人事部	192.168.12.2/24～192.168.12.254/24	192.168.12.1
13	办公室	192.168.13.2/24～192.168.13.254/24	192.168.13.1
14	研发部	192.168.14.2/24～192.168.14.254/24	192.168.14.1

2. 任务实施

（1）NAT 地址转换

NAT 有两种类型：single 模式和 global 模式。

使用 NAT 的 single 模式，就像它的名字一样，可以将众多的本地局域网主机映射为一个 Internet 地址。局域网内的所有主机对外部 Internet 网络而言，都被看作一个 Internet 用户。本地局域网内的主机继续使用本地地址。

使用 NAT 的 global 模式，路由器的接口将众多的本地局域网主机映射为一定的 Internet 地址范围（IP 地址池）。当本地主机端口与 Internet 上的主机连接时，IP 地址池中的某个 IP 地址被自动分配给该本地主机，连接中断后动态分配的 IP 地址将被释放，释放的 IP 地址可被其他本地主机使用。

企业服务器对外发布服务，需要有固定的公网地址，内部计算机可以采用动态方式获取公网地址，具体公网 IP 地址分配如表 3-9 所示。

表 3-9   公网 IP 地址分配表

设 备	公 网 地 址	NAT 方式
WWW 服务器	218.194.13.56/29	静态方式
FTP 服务器	218.194.13.57/29	静态方式
内网计算机	218.194.13.58/29	动态方式
出口路由器	218.194.13.55/29	

（2）配置三层交换机

```
Sw0(config)#interface f0/1                         （进入端口，1号端口对应财务部）
Sw0(config)#switchport mode access                 （设置端口为链路接入模式）
Sw0(config)#switchport access vlan 11              （把端口添加到VLAN11中）
```

同理，将其他端口添加到对应 VLAN 中。

```
Sw0(config)# ip routing                            （启用三层交换机的路由功能）
Sw0(config)# interface vlan 11                      （进入 VLAN11 端口配置模式）
Sw0(config-if)#no shutdown                          （激活该端口）
Sw0(config-if)#ip address 192.168.11.1 255.255.255.0 （配置端口 IP 地址）
Sw0(config-if)#exit                                 （退回到全局模式）
Sw0(config)# interface vlan 12
Sw0(config-if)#no shutdown
Sw0(config-if)#ip address 192.168.12.1 255.255.255.0
Sw0(config-if)#exit
```

同理，配置其他 VLAN 的端口 IP 地址：

```
Sw0(config)# interface f0/24
Sw0(config-if)#no switchport                        （启用端口路由模式）
Sw0(config-if)#ip address 192.168.100.1 255.255.255.0 （配置端口 IP 地址）
Sw0(config-if)#no sh                                （激活该端口）
Sw0(config-if)#exit
Sw0(config)#ip route 0.0.0.0 0.0.0.0 192.168.100.2  （配置默认路由指向
                                                     出口路由器）
```

（3）配置路由器

```
Router #config t
Router(config)#inter s0/0
Router(config-if)#ip add 218.194.13.55 255.255.255.248 （配置公网 IP 地址）
Router(config-if)#no shut
Router(config-if)#inter f0/1
Router(config-if)#ip add 192.168.100.2 255.255.255.0 （配置内网 IP 地址）
Router(config-if)#no shut
Router(config)#ip route 0.0.0.0 0.0.0.0 s0/0        （配置默认路由指向外网）
Router(config)#ip route 192.168.10.0 255.255.255.0 192.168.100.1
Router(config)#ip route 192.168.11.0 255.255.255.0 192.168.100.1
Router(config)#ip route 192.168.12.0 255.255.255.0 192.168.100.1
Router(config)#ip route 192.168.13.0 255.255.255.0 192.168.100.1
Router(config)#ip route 192.168.14.0 255.255.255.0 192.168.100.1
                                                     （配置静态路由指向内网）
Router(config)#inter f0/1
Router(config-if)#ip nat inside                     （指定 NAT 内部接口）
Router(config)#inter s0/0
```

```
Router(config-if)#ip nat outside                    （指定 NAT 外部接口）
Router(config)#ip nat inside source static 192.168.10.2 218.194.13.56
Router(config)#ip nat inside source static 192.168.10.3 218.194.13.57
（服务器进行一对一静态地址转换）
Router(config)#access-list 10 permit 192.168.11.0 0.0.0.255
Router(config)#access-list 10 permit 192.168.12.0 0.0.0.255
Router(config)#access-list 10 permit 192.168.13.0 0.0.0.255
Router(config)#access-list 10 permit 192.168.14.0 0.0.0.255
（用 ACL 语句指定内部本地 IP 地址范围）
Router(config)#ip nat pool xx 218.194.13.58 218.194.13.58 netmask
255.255.255.248
    （创建内部全局 IP 地址池）
Router(config)#ip nat inside source list 10 pool xx overload
                              （映射 ACL 到地址池，采用 PAT 端口复用方式）
```

任务 13　安装配置企业中常见的应用服务

企业网络中经常会提供各种各样的服务器为企业用户和外网用户提供服务，常见的服务有 DHCP 服务、WEB 服务、FTP 服务和 DNS 服务等。

子任务 1　DHCP 服务器的安装配置

一、子任务描述

某企业网络按工作部门：财务部、人事部、办公室、研发部，划分了 4 个 VLAN，每部门由 Catalyst 2950 交换机接入企业汇聚层交换机，实现各部门之间的通信。最近财务部经常出现 IP 地址冲突现象，经排查是部门用户随意更改 IP 地址造成。企业为了便于地址管理，在网络中配置了一台 DHCP 服务器，网络拓扑结构如图 3-26 所示。

二、任务实施

1. 知识背景

DHCP（Dynamic Host Configuration Protocol，动态主机配置协议）是一种简化主机 IP 地址配置管理的 TCP/IP 标准协议。通过采用 DHCP 标准，可以使用 DHCP 服务器为网络上启用了 DHCP 的客户端管理 IP 地址的动态分配及其他相关配置信息。

TCP/IP 网络上的每台计算机都必须拥有唯一的计算机名和 IP 地址。IP 地址和与之相关的子网掩码标识计算机及其连接的子网。当用户将计算机移动到不同的子网时，就必须改变它的 IP 地址。一般可以使用两种方式来配置网络中每一台主机的 IP 地址及相关参数：静态分配和动态获取。静态分配是一种手工输入方式，由网络管理员为每一个客户端分配一个固定的 IP 地址，并手工配置相关参数，这不仅增加网络管理员的工作量，还容易出现错误。动态获取（自动获取）是指由网络中的 DHCP 服务器为客户端动态分配 IP 地址及相关参数，而不再需要人工输入。DHCP 允许用户通过 DHCP 服务器的 IP 地址数据库为客户机动态指派 IP 地址。使用 DHCP 动态分配方式时，网络中必须至少有一台 DHCP 服务器，而客户端也必须支持自动获取 IP 地址的功能。

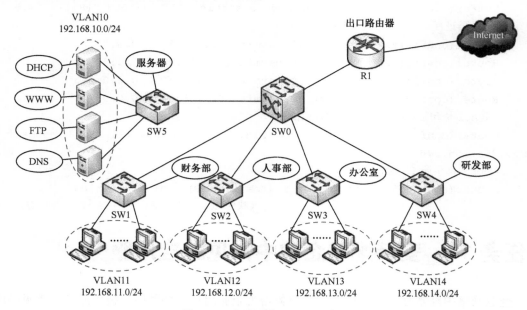

图 3-26　企业网络 DHCP 服务器

采用 DHCP 服务主要有以下两个优点。

（1）安全可靠。DHCP 避免了在每台计算机上因手动输入 IP 地址等相关参数而引起的配置错误，还有助于防止 IP 地址重复指派的冲突问题。

（2）减少配置时间。使用 DHCP 可以大大降低用于配置和重新配置计算机的时间。

此外，对于使用便携式计算机频繁更换位置的用户，通过与 DHCP 服务器通信可以高效自动地更新 IP 地址及相关参数。

DHCP 服务器拥有一个 IP 地址池，任何启用 DHCP 的客户端都可以租用一个 IP 地址。DHCP 服务器只是负责将某一个 IP 地址租用给客户端使用一段时间,这段时间称为"租约"，当租约到期后，如果客户端没有及时更新租约，DHCP 服务器将收回该 IP 地址，放回 IP 地址池供其他客户端租用。

当 DHCP 客户端启动时，它会自动向 DHCP 服务器发送一个请求信息，请求服务器分配一个 IP 地址给它。而 DHCP 服务器在收到客户端的请求后，会根据服务器现有 IP 地址的情况，采取一定的方式出租一个 IP 地址给该客户端。租用方法通常有两种：永久租用和限期租用。永久租用是指出租的 IP 地址不设租期，供客户端永久使用。限期租用则需要客户端在租约到期前更新租约，否则将收回 IP 地址。

DHCP 服务器在为客户端自动分配 IP 地址的同时，还可以提供子网掩码、默认网关、WINS 服务器地址、DNS 服务器地址等相关配置参数。

2．安装 DHCP 服务器

在安装 DHCP 服务器之前应先注意两点：一是 DHCP 服务器本身必须采用固定的 IP 地址；二是需要事先规划好可分配的 IP 地址范围。然后通过以下步骤安装 DHCP 服务器。

① 执行"开始"→"设置"→"控制面板"→"添加或删除程序"→"添加/删除 Windows

组件"命令，打开"Windows 组件向导"对话框，如图 3-27 所示。在列表中选中"网络服务"复选框，单击"详细信息"按钮。

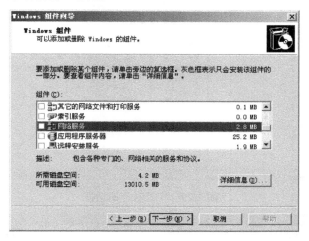

图 3-27　"Windows 组件向导"对话框

② 在"网络服务"对话框中选中"动态主机配置协议（DHCP）"复选框，单击"确定"按钮，如图 3-28 所示。

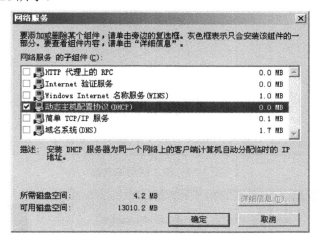

图 3-28　"网络服务"对话框

③ 单击"下一步"按钮，系统将自动复制有关文件，直至安装完成。

3. 配置 DHCP 服务器

① 执行"开始"→"程序"→"管理工具"→"DHCP"命令，打开 DHCP 对话框，如图 3-29 所示。右击服务器名称，在弹出的快捷菜单中执行"新建作用域"命令。

② 打开新建作用域窗口，单击"下一步"按钮，在"新建作用区域向导"对话框中的"名称"和"描述"文本框输入用于标识该作用域的名称和描述，如图 3-30 所示。单击"下一步"按钮。

③ 在"起始 IP 地址"和"结束 IP 地址"文本框中输入该作用域的 IP 地址范围，并可通过长度来指定子网掩码，如图 3-31 所示。单击"下一步"按钮。

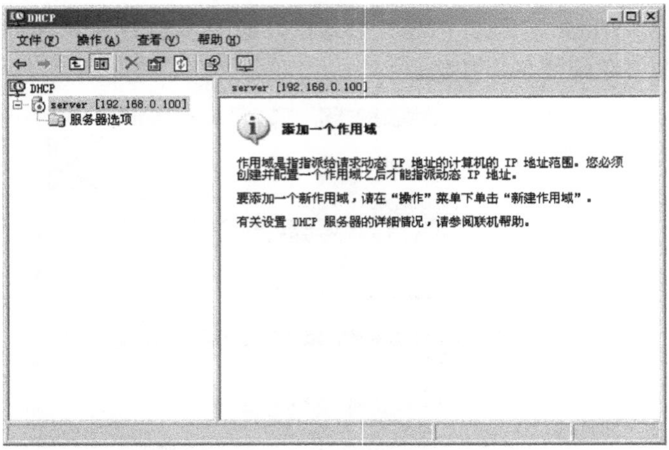

图 3-29 “DHCP”对话框

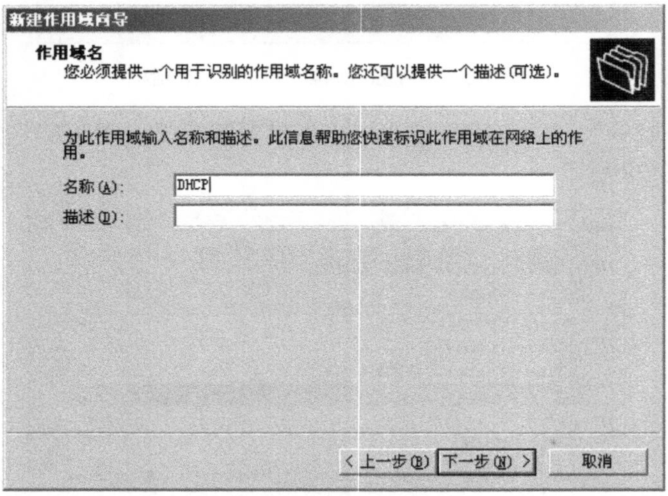

图 3-30 输入作用域名称

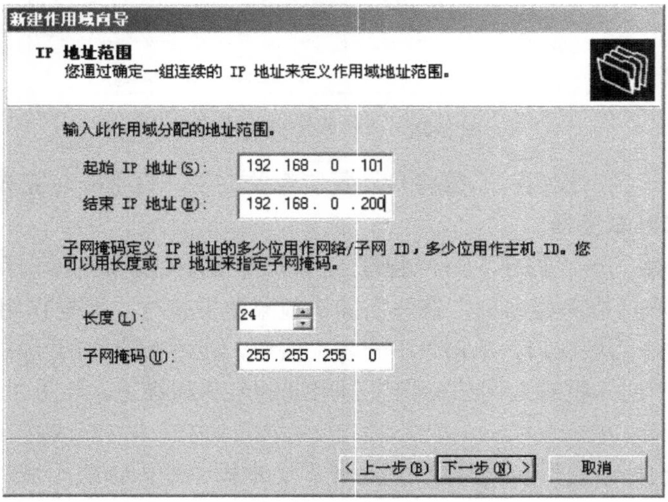

图 3-31 输入 IP 地址范围

④ 在"添加排除"对话框中，可以添加需要从作用域中排除的 IP 地址，即系统要保留的不出租给客户端的地址，如图 3-32 所示。单击"下一步"按钮。

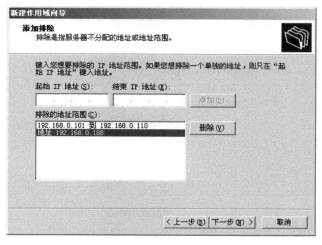

图 3-32　添加排除的 IP 地址

⑤ 在"租约期限"对话框中，系统默认的租约期限为 8 天，如图 3-33 所示，用户可根据需要来设置。单击"下一步"按钮。

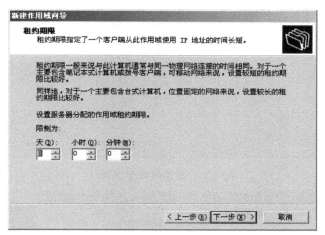

图 3-33　设置租约期限

⑥ 因为 DHCP 客户端需要的不仅仅是 IP 地址，还需要其他相关参数，所以在"配置 DHCP 选项"对话框中选中"是，我想现在配置这些选项"单选按钮，如图 3-34 所示。单击"下一步"按钮。

⑦ 添加网关地址，如图 3-35 所示。单击"下一步"按钮。

⑧ 添加网络中 DNS 服务器的名称与 IP 地址，如图 3-36 所示。单击"下一步"按钮。

⑨ 添加 WINS 服务器的名称与 IP 地址，如图 3-37 所示。单击"下一步"按钮。

⑩ 最后，选中"是，我想现在激活此作用域"单选按钮，如图 3-38 所示。单击"下一步"按钮。在最后一个对话框中单击"完成"按钮，完成作用域的创建。

⑪ 返回 DHCP 控制台，将显示如图 3-39 所示的界面。

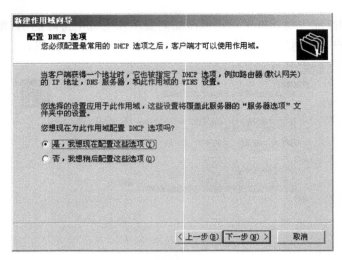

图 3-34　选择配置 DHCP 选项

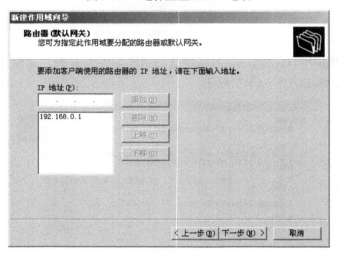

图 3-35　添加网关的 IP 地址

图 3-36　添加 DNS 服务器的 IP 地址

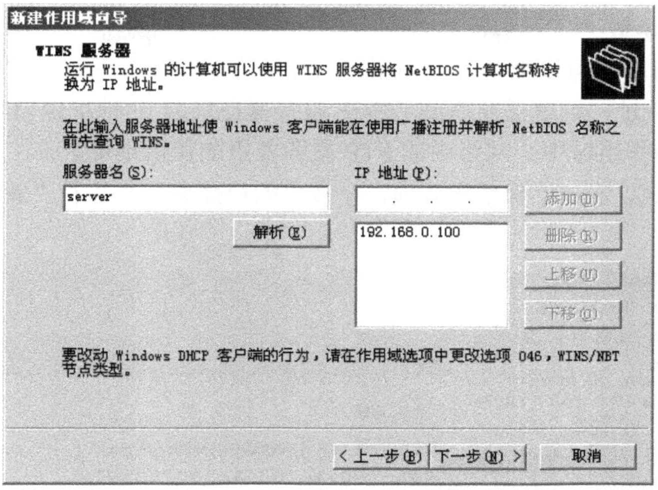

图 3-37　添加 WINS 服务器的 IP 地址

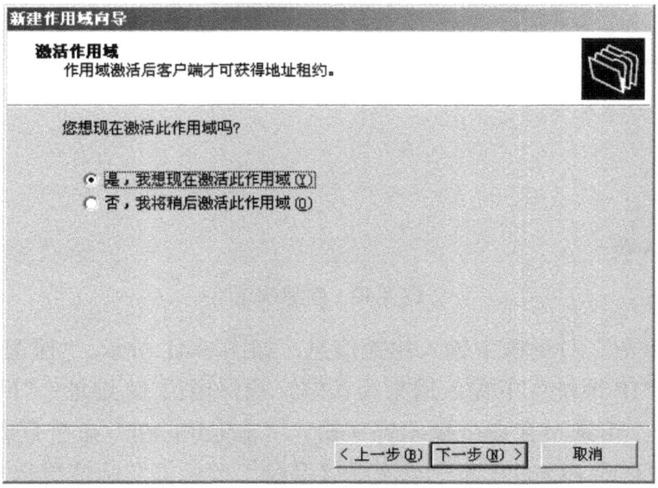

图 3-38　激活作用域

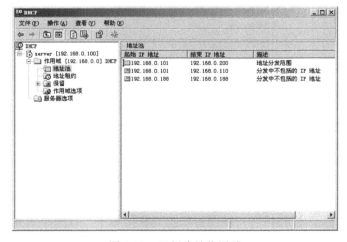

图 3-39　已创建的作用域

4. IP 地址的保留

通过 DHCP 服务器可以很方便地为用户分配动态 IP 地址,但有些时候需要为某些客户端分配固定的 IP 地址,这就需要用到 DHCP 服务器提供的 IP 地址保留功能了。

例:在新建的作用域中为网络中的 FTP 服务器添加保留地址。

① 展开作用域,右击"保留"选项,在弹出的快捷菜单中执行"新建保留"命令,如图 3-40 所示。

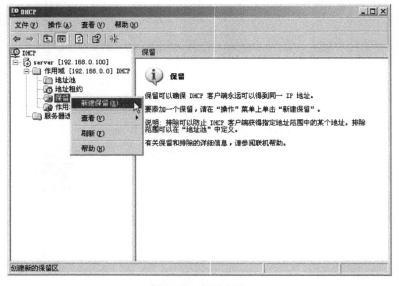

图 3-40　新建保留

② 在"新建保留"对话框中输入相关信息,如图 3-41 所示。"保留名称"是用来标识 DHCP 客户端的;"IP 地址"中输入用来为该客户端保留的 IP 地址;"MAC 地址"即客户端网卡的物理地址,可通过在命令提示符下输入"ipconfig/all"命令查看;"支持的类型"用于指定允许 DHCP 或 BOOTP 客户端使用该保留,可根据实际情况选择。

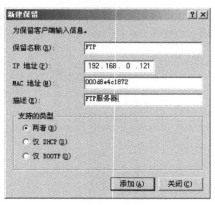

图 3-41　"新建保留"对话框

③ 单击"添加"按钮将该客户端保留添加到作用域中。若想添加其他客户端保留,只需重复前两项步骤即可。

5. DHCP 客户端的设置

为了使 DHCP 客户端可以通过 DHCP 服务器租用 IP 地址，需要对 DHCP 客户端进行设置。各操作系统客户端的设置基本相同，下面以 Windows XP 的配置为例介绍。

① 执行"开始"→"设置"→"网络连接"→"本地连接"→"属性"命令，打开"本地连接属性"对话框，如图 3-42 所示。

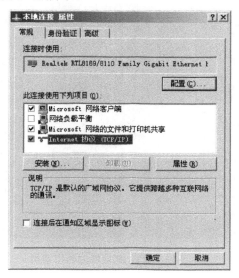

图 3-42　"本地连接属性"对话框

② 选中"Internet 协议（TCP/IP）"复选框，单击"属性"按钮，打开"Internet 协议（TCP/IP）属性"对话框，如图 3-43 所示。选中"自动获得 IP 地址"和"自动获得 DNS 服务器地址"单选按钮即可。

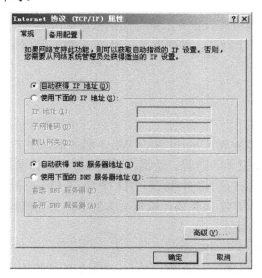

图 3-43　"Internet 协议（TCP/IP）属性"对话框

③ 最后我们来检测 DHCP 客户端的 IP 地址获取情况。

执行"开始"→"运行"命令，在弹出的文本框中输入"cmd"命令，打开"命令提示符"窗口。

输入"ipconfig/all"命令，将会显示本地 IP 地址等相关参数的租用情况，如图 3-44 所示。若想获取一个新的 IP 地址，可先输入"ipconfig/release"命令释放原有地址，再输入"ipconfig/renew"命令重新获取地址。

图 3-44　查看 IP 地址的租用情况

子任务 2　Web 服务器的安装配置

一、子任务描述

某企业网络按工作部门：财务部、人事部、办公室、研发部，划分了 4 个 VLAN，每部门由 Catalyst 2950 交换机接入企业汇聚层交换机，实现各部门之间的通信。为了更好地发布企业信息，企业设计了网站，并配置了一台 Web 服务器用于网站的发布，网络拓扑结构如图 3-26 所示。

二、任务实施

1. 认识 Web 服务器

Web 服务器又称为 WWW（World Wide Web）服务器，中文名字为"万维网"，起源于 1989 年，是 Internet 上集文本、声音、动画、视频等多种媒体信息于一身的信息服务系统。

WWW 采用的通信协议是 HTTP 协议，HTTP 协议（Hypertext Transfer Protocol，超文本传输协议）是用于从 WWW 服务器传输超文本到本地浏览器的传送协议。它可以使浏览器更加高效，使网络传输减少。

2. 安装 Web 服务器组件 IIS 6.0

① 执行"开始"→"设置"→"控制面板"→"添加或删除程序"→"添加/删除 Windows 组件"命令，打开"Windows 组件向导"对话框，如图 3-45 所示。在组件列表中选中"应用程序服务器"复选框，单击"详细信息"按钮。

② 在"应用程序服务器"对话框中选中"Internet 信息服务（IIS）"复选框，单击"详

细信息"按钮，如图 3-46 所示。

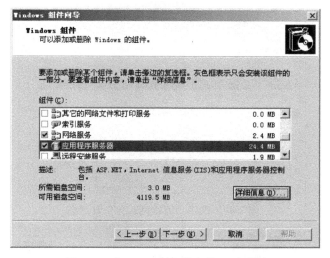

图 3-45　"Windows 组件向导"对话框

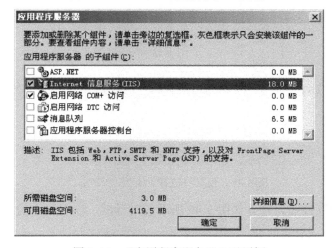

图 3-46　"应用程序服务器"对话框

③ 在"Internet 信息服务（IIS）"对话框中选中"万维网服务"复选框，单击"确定"按钮开始安装，如图 3-47 所示。

④完成安装后，系统在"开始"→"程序"→"管理工具"程序组中会添加一项"Internet 信息服务管理器"，此时服务器的 Web 服务会自动启动。

3. 配置 Web 服务器

① 新建网站。

打开 Internet 信息服务管理器窗口，右击网站，在弹出的菜单中选择"新建"→"网站"选项，打开"网站创建向导"对话框，单击"下一步"按钮继续。

在"网站描述"文本框中输入说明文字，单击"下一步"按钮继续，打开如图 3-48 所示的对话框，输入新建 Web 站点的 IP 地址和 TCP 端口号。如果通过主机头文件将其他站点添加到单一 IP 地址，必须指定主机头文件名称。

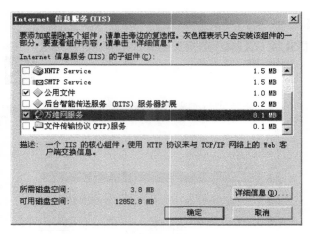

图 3-47　选中"万维网服务"复选框

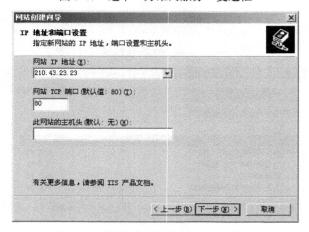

图 3-48　设置网站 IP 地址与 TCP 端口

单击"下一步"按钮，打开如图 3-49 所示的对话框，输入站点的主目录路径。

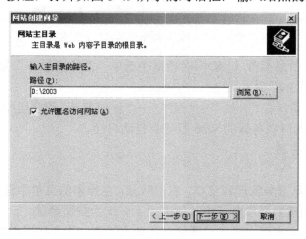

图 3-49　设置网站主目录

单击"下一步"按钮，在如图 3-50 所示的对话框中，设置 Web 站点的访问权限。一般要选中"读取"复选框，若网站使用了脚本语言，还需选中"运行脚本（如 ASP）"复选框。为保证网站安全，建议不要选中"写入"复选框。单击"下一步"按钮完成设置。

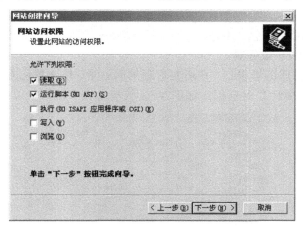

图 3-50　设置网站访问权限

这样，Web 站点已经发布成功，可通过在浏览器地址栏中输入 http://210.43.23.23 打开网站首页（首页文件名必须是 default.htm、default.asp 或 index.htm）。若要通过域名方式访问网站，需向 DNS 服务器中添加相关记录。

② 新建虚拟目录。

在网站建设过程中，可能会因为安全原因或空间原因，网站的内容需要存放在不同的硬盘甚至不同的计算机上，通过虚拟目录技术可以将这些目录映射为同一个网站的子目录，就好像是物理上的硬盘真正存在这样的子目录一样。对虚拟目录进行访问时，只要在主站的访问地址后加上虚拟目录名就可以了。

若在上面创建的主站"2003"下面创建虚拟目录，将虚拟目录的实际目录放在 C 盘上，操作步骤如下。

首先在 Internet 信息服务管理器上右击刚新建的站点"2003"，在弹出的快捷菜单中执行"新建"→"虚拟目录"命令，打开虚拟目录创建向导。

其次在弹出的如图 3-51 所示的对话框中输入虚拟目录的别名，然后单击"下一步"按钮。

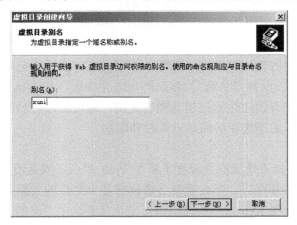

图 3-51　输入虚拟目录别名

　　然后在"网站内容目录"中输入虚拟目录的实际位置，单击"下一步"按钮。在"虚拟目录访问权限"对话框中设置访问虚拟目录的权限，单击"下一步"按钮后完成虚拟目录的创建。

　　最后在浏览器地址栏中输入 http://210.43.23.23/xuni，即可实现对虚拟目录中内容的访问。

　　③ 管理和维护 Web 服务器。

　　打开 Internet 信息服务器窗口，在所要管理的网站上，单击鼠标右键执行"属性"命令，打开该站点的"2003 属性"对话框，如图 3-52 所示。

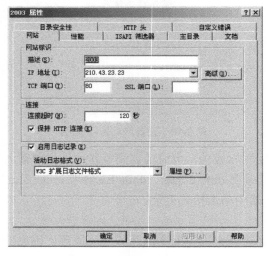

图 3-52　　"2003 属性"对话框

　　1. "网站"选项卡

　　在如图 3-52 所示的对话框的"网站"选项卡中主要设置以下内容。

　　● "描述"：该网站的说明文字，用它来表示网站名称。

　　● "IP 地址"：设置此网站使用的 IP 地址，如果构架此网站的计算机中设置了多个 IP 地址，可以选择对应的 IP 地址。若网站要使用多个 IP 地址或与其他网站共用一个 IP 地址，则可以通过高级按钮设置。

　　● "TCP 端口"：确定正在运行的服务的端口，默认值为 80。

　　● "连接超时"：设置服务器断开未活动用户的时间。

　　● "启用日志记录"：表示要记录用户活动的细节，在"活动日志格式"下拉列表框中可选择日志文件使用的格式。单击"属性"按钮可进一步设置记录用户信息所包含的内容，如用户 IP、访问时间、服务器名称等。默认的日志文件保存在\Windows\system32\LogFiles 子目录下。良好的管理习惯应注重日志功能的使用，通过日志可以监视访问本服务器的用户、内容等，对不正常的连接和访问加以监控和限制。

　　2. "性能"选项卡

　　● "带宽限制"：如果计算机上设置了多个 Web 站点，或是还提供其他的 Internet 服务，如文件传输、电子邮件等，那么就有必要根据各个站点的实际需要，来限制每个站点可以使用的带宽。要限制 Web 站点所使用的带宽，只要选中"限制网站可以使用的网络带宽"复选框，在"最大带宽"文本框中输入设置数值即可。

● "网站连接"："不受限制"表示允许同时发生的连接数不受限制；"连接限制为"表示限制同时连接到该站点的连接数，在文本框中输入允许的最大连接数。

3．"主目录"选项卡

如图 3-53 所示，在该选项卡中可以设置网站主目录及应用程序等。

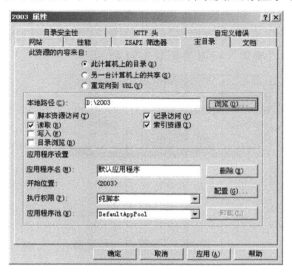

图 3-53　"主目录"选项卡

● "此资源的内容来自"：用于指定主目录所在的位置。"此计算机上的目录"表示站点内容来自本地计算机；"另一台计算机上的共享"可以允许用户查看或更新与该计算机有活动连接的其他计算机上的 Web 内容；"重定向到 URL"表示将连接请求重新定向到别的网络资源，如某个文件、目录、虚拟目录或其他站点等。

● "执行权限"：设置对该网站或虚拟目录资源进行何种级别的程序执行。"无"表示只允许访问静态文件，如 HTML 或图像文件；"纯脚本"表示只允许运行脚本，如 ASP 脚本；"脚本和可执行程序"表示可以访问或执行各种文件类型，如服务器端存储的 CGI 程序。

● 应用程序池：选择运行应用程序的保护方式。

4．"文档"选项卡

● "启动默认内容文档"：当用户通过浏览器连接至 Web 站点时，若未指定要浏览哪一个文件，则 Web 服务器会自动传送该站点的默认文档供用户浏览，例如通常将 Web 站点主页 default.htm、default.asp 和 index.htm 设为默认文档，当浏览 Web 站点时会自动连接到主页上。

● "启用文档页脚"：选择此项，系统会自动将一个 HTML 格式的页脚附加到 Web 服务器所发送的每个文档中。页脚文件不是一个完整的 HTML 文档，只包括需要用于格式化页脚内容外观和功能的 HTML 标签。

5．"目录安全性"选项卡

● "身份验证和访问控制"：单击"编辑"按钮，弹出"身份验证方法"对话框，在该对话框中可以设置是否启用匿名访问及匿名访问时使用的用户名和密码。另外还可以设置以什么样的身份验证方法来访问页面。

● "IP 地址和域名控制"：使用 IP 地址或域名授权或拒绝对资源的访问。

例：为网站设置访问权限，拒绝 210.200.120.*的用户访问该网站。

操作步骤如下。

（1）单击"编辑"按钮，打开"IP 地址和域名限制"对话框。

（2）选中"授权访问"单选按钮，单击"添加"按钮，打开"拒绝访问"对话框。

（3）选择"一组计算机"，在"网络标识"中输入"210.200.120"，"子网掩码"中输入"255.255.255.0"，单击"确定"按钮后如图 3-54 所示。

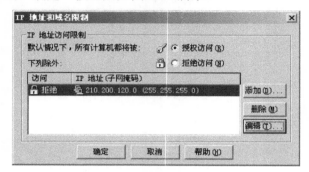

图 3-54　设置 IP 地址限制

（4）单击"确定"按钮完成对该网站的 IP 地址访问限制。

● "安全通信"：通过使用服务器证书和证书映射来提供保护客户端与 Web 服务器之间通信安全的途径。单击"服务器证书"按钮可以启动 Web 服务器证书向导来获取服务器证书。

子任务 3　FTP 服务器的安装配置

一、子任务描述

某企业网络按工作部门：财务部、人事部、办公室、研发部，划分了 4 个 VLAN，每部门由 Catalyst 2950 交换机接入企业汇聚层交换机，实现各部门之间的通信。为了更好地提供企业内部文件信息的传输，企业配置了一台 FTP 服务器用于文件的存储与传输，网络拓扑结构如图 3-26 所示。

二、任务实施

1．认识 FTP

FTP（File Transfer Protocol）是文件传输协议，和 HTTP 协议一样工作在应用层。可以在 FTP 服务器中存放大量的共享软件和免费资源，网络用户可以从服务器中下载文件，或者将客户机上的资源上传至服务器。FTP 就是用来在客户机和服务器之间实现文件传输的标准协议。它使用客户机/服务器模式，客户程序把客户机的请求告诉服务器，并将服务器发回的结果显示出来。

FTP 的功能主要包括两个方面：文件的下载（Download）和上传（Upload）。下载是将远程服务器上的文件传送到客户机上，上传是将客户机上的文件发送到 FTP 服务器上。

2. 安装 FTP 服务器

① 执行"开始"→"设置"→"控制面板"→"添加或删除程序"→"添加/删除 Windows 组件"命令，打开"Windows 组件向导"对话框，如图 3-55 所示。在列表中选中"应用程序服务器"复选框，单击"详细信息"按钮。

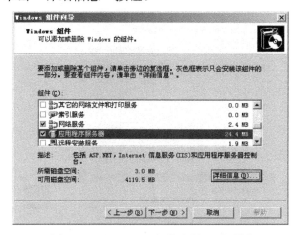

图 3-55　"Windows 组件向导"对话框

② 在"应用程序服务器"对话框中选中"Internet 信息服务（IIS）"复选框，单击"详细信息"按钮，如图 3-56 所示。

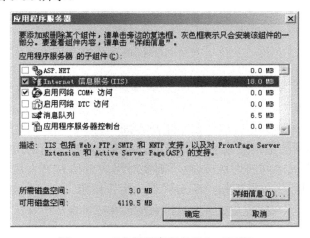

图 3-56　"应用程序服务器"对话框

③ 在"Internet 信息服务（IIS）"对话框中选中"文件传输协议（FTP）服务"复选框，单击"确定"按钮开始安装，如图 3-57 所示。

④ 完成安装后，系统在"开始"→"程序"→"管理工具"程序组中会添加一项"Internet 信息服务管理器"，此时服务器的 FTP 服务会自动启动。

3. 配置 FTP 服务器

① 打开 Internet 信息服务管理器窗口，右击 FTP 站点，在弹出菜单中选择"新建"→"FTP 站点"选项，打开"FTP 站点创建向导"对话框，单击"下一步"按钮继续。

② 在"FTP 站点描述"文本框中输入说明文字，单击"下一步"按钮继续，打开

如图 3-58 所示的对话框，输入新建 FTP 站点的 IP 地址和 TCP 端口号。

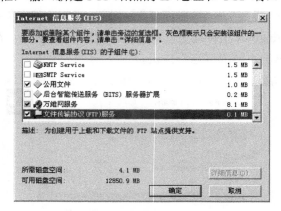

图 3-57　选择"文件传输协议（FTP）服务"子组件

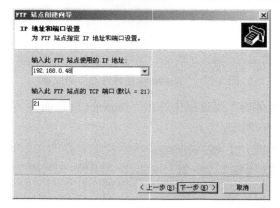

图 3-58　设置站点 IP 地址与 TCP 端口

③ 单击"下一步"按钮，打开如图 3-59 所示的对话框。Windows Server 2003 的 IIS 提供了 FTP 用户隔离功能，它可以让每个用户在同一台 FTP 服务器上分别拥有一个专用的文件夹。这样，当不同的用户登录 FTP 站点时，系统会根据不同的用户访问不同的文件夹，而且不允许不同文件夹之间的切换。这里不需要对用户名和 FTP 主目录进行一对一的限制，所以选中"不隔离用户"单选按钮，单击"下一步"按钮。

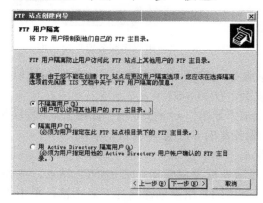

图 3-59　设置 FTP 用户隔离

④ 打开如图 3-60 所示的对话框，输入 FTP 站点的主目录路径，单击"下一步"按钮。

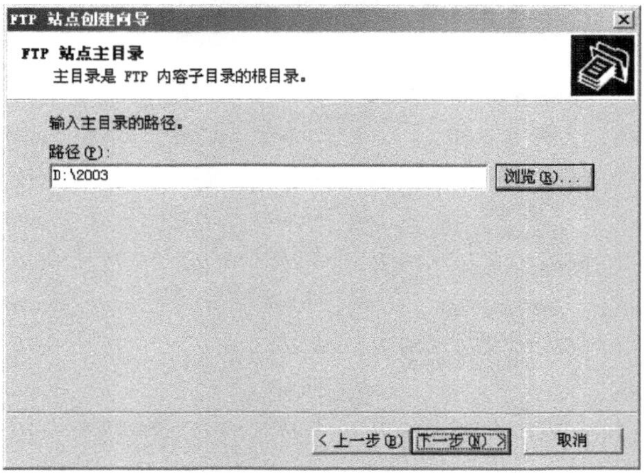

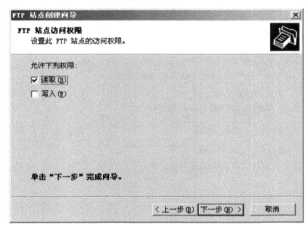

图 3-60　设置站点主目录

⑤ 在如图 3-61 所示的对话框中，设置 FTP 站点的访问权限。"读取"表示可以看到并下载该 FTP 站点的内容；"写入"表示允许用户向该 FTP 站点上传内容或在该 FTP 站点中新建目录和文件。单击"下一步"按钮完成设置。

图 3-61　设置站点访问权限

⑥ 这样，FTP 站点已经创建成功，可通过在浏览器地址栏中输入 ftp://192.168.0.48 打开该 FTP 站点。若要通过域名方式打开，需向 DNS 服务器中添加相关记录。

4. 管理和维护 FTP 服务器

打开 Internet 信息服务器窗口，在所要管理的 FTP 站点上，单击鼠标右键执行"属性"命令，打开该站点的"2003 属性"对话框，如图 3-62 所示。

（1）"FTP 站点"选项卡

在上图选项卡中主要设置以下内容：

● "描述"：该 FTP 站点的说明文字，用它来表示 FTP 站点名称。

● "IP 地址"：设置此站点的 IP 地址，如果服务器设置了两个以上的 IP 地址，可以任选一个。FTP 站点可以与 Web 站点共用 IP 地址，但不能设置相同的端口。

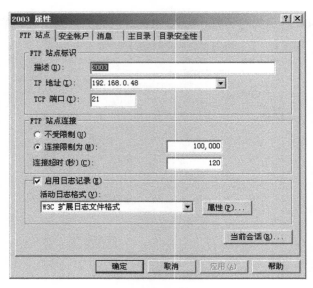

图 3-62 "2003 属性"对话框

● "TCP 端口"：FTP 服务器默认使用 TCP 协议的 21 端口。

连接超时、启用日志等设置参见 Web 服务器配置。

（2）"安全账户"选项卡

选择"安全账户"选项卡，打开如图 3-63 所示的对话框。

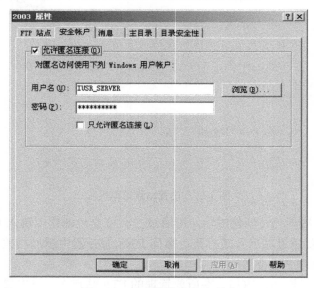

图 3-63 "安全账户"选项卡

● "允许匿名连接"：FTP 站点一般都设置为允许用户匿名登录，安装时系统会自动建立一个默认匿名用户账号："IUSR_ COMPUTERNAME"。注意用户在客户端登录 FTP 服务器的匿名用户名为"Anonymous"，并不是上面给出的名字。

● "只允许匿名连接"：选择此项，表示用户不能用私人的账号登录，只能用匿名登录 FTP 站点，可以用来防止具有管理权限的账号通过 FTP 访问或更改服务器内容。

（3）"消息"选项卡

在此选项卡中，可以设置一些类似站点公告的信息，例如用户登录后显示的欢迎信息。

（4）"主目录"选项卡

● "此资源的内容来源"：用于指定主目录所在的位置。"此计算机上的目录"表示站点内容来自本地计算机；"另一台计算机上的目录"可以允许用户查看或更新与该计算机有活动连接的其他计算机上的 FTP 内容。

● "读取"：允许用户读取或下载该站点内的文件或目录。

● "写入"：允许用户将文件上传至该站点的目录中。

● "记录访问"：将对该目录的访问记录到日志文件中。

（5）"目录安全性"选项卡

在此选项卡中，可以允许或阻止单个计算机或计算机组访问 FTP 站点。

子任务 4　DNS 服务器的安装配置

一、子任务描述

某企业网络按工作部门：财务部、人事部、办公室、研发部，划分了 4 个 VLAN，每部门由 Catalyst 2950 交换机接入企业汇聚层交换机，实现各部门之间的通信。为了提供 IP 地址的解析，实现域名管理，企业配置了一台 DNS 服务器用于域名的解析，网络拓扑结构如图 3-26 所示。

二、任务实施

1. 认识 DNS

在网络中，如果直接利用 IP 地址来访问服务器，如 http://58.204.238.165 这样的服务器地址，对于用户来说是极为不方便的。于是，人们想出了利用服务器的主机名或域名来访问服务器的方法，如利用 http://www.sina.com.cn 来访问新浪网，这样做，既便于记忆，又方便使用。

通过域名访问服务器时，网络中必须有一台服务器负责"域名→IP 地址"的转换工作，这种转换工作称为域名解析，提供域名解析服务的计算机称为 DNS（Domain Name System，域名系统）服务器。

DNS 是 TCP/IP 网络中广泛使用的一组协议和服务。它免除了用户记忆枯燥的 IP 地址的烦恼，取而代之的是具有层次结构的易记的域名。由于采用了分层、分组方式，使得位于某节点上的服务器可以只响应一个特定名称组，从而使得 DNS 服务轻便、快捷，并能在用户可接受的等待时间内完成域名解析。

整个 DNS 结构是一个被称为"域名空间"的层次性逻辑树型结构。它犹如一棵倒过来的树，根在最上面，由 InterNIC 负责管理。

紧靠在根下面的是顶级域，用于对 DNS 的分类管理。如 com（商业机构），net（网络服务机构），edu（教育机构），gov（政府部门），org（非商业机构），mil（军事机构），cn（中国），hk（中国香港），fr（法国）等。

顶级域下面是二级域，是为了在 Internet 上使用而由个人或单位注册的名称，如果企业网络要接入 Internet，必须申请注册全球唯一的二级域。

申请到二级域后，就可以在下面根据需要自行设置子域了，子域下面可派生子域，或者挂接主机。

主机位于 DNS 的最底层，用来标识特定资源的名称，如 www 通常代表的是一个 Web 服务器，ftp 代表的是 FTP 服务器，pop 代表邮件接收服务器等。

2. 安装 DNS 服务器

操作步骤如下。

（1）执行"开始"→"设置"→"控制面板"→"添加或删除程序"→"添加/删除 Windows 组件"命令，打开"Windows 组件向导"对话框，如图 3-64 所示。在列表中选中"网络服务"复选框，单击"详细信息"按钮。

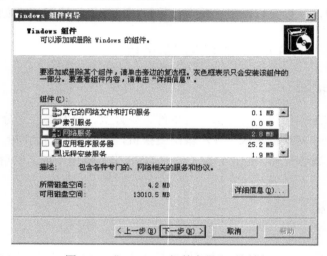

图 3-64 "Windows 组件向导"对话框

（2）在"网络服务"对话框中选中"域名系统（DNS）"复选框，单击"确定"按钮，如图 3-65 所示。

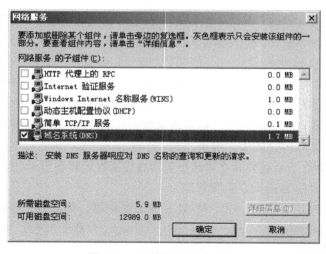

图 3-65 "网络服务"对话框

（3）单击"下一步"按钮，系统将自动复制有关文件，直至安装完成。

三、创建正向查找区域

（1）执行"开始"→"程序"→"管理工具"→"DNS"命令，打开 DNS 窗口，如图 3-66 所示。右击"正向查找区域"选项，在弹出的快捷菜单中执行"新建区域"命令。

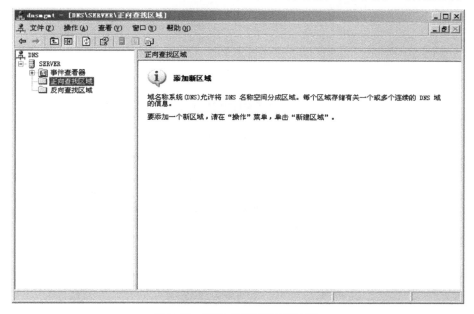

图 3-66　新建"正向查找区域"

（2）打开"新建区域"窗口，单击"下一步"按钮，在"区域类型"对话框中选中"主要区域"单选按钮，如图 3-67 所示。单击"下一步"按钮。

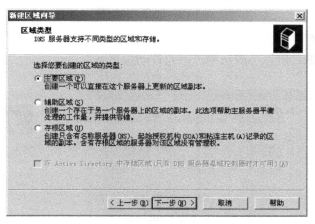

图 3-67　选择区域类型

（3）在"区域名称"对话框中输入创建的新区域名，如 xinxi.com，如图 3-68 所示。单击"下一步"按钮。

（4）弹出"区域文件"对话框，如图 3-69 所示，一般直接单击"下一步"按钮即可。若要使用现存文件，需先将文件复制到服务器的%SystemRoot%\system32\dns 文件夹中。

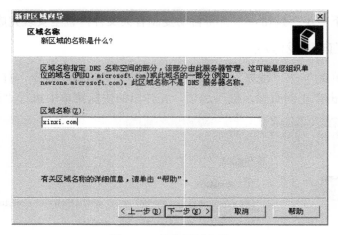

图 3-68　输入区域名称

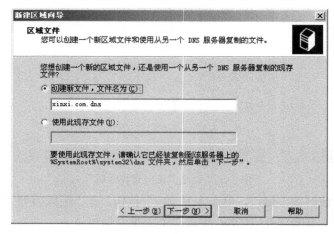

图 3-69　创建区域文件

（5）这时系统询问是否允许动态更新 DNS 数据。由于允许非安全和安全更新会使服务器的安全性大大降低，所以一般选中"不允许动态更新"单选按钮，如图 3-70 所示。单击"下一步"按钮。

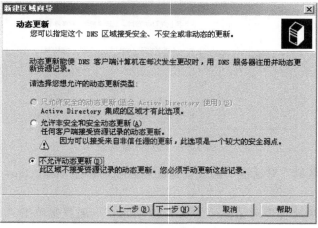

图 3-70　是否允许动态更新

（6）最后提示前面的设置，如果没有问题的话，单击"完成"按钮即可。至此，一个正向查找区域创建完毕，可在 DNS 控制台窗口中看到新建立的区域 xinxi.com，如图 3-71 所示。

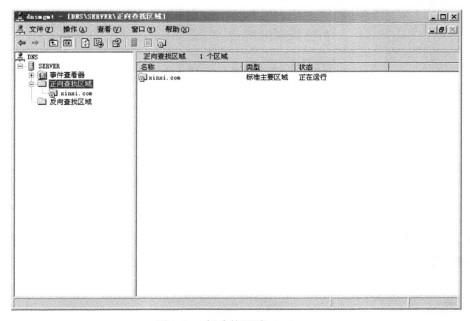

图 3-71　新建的区域 xinxi.com

（7）创建新的主区域后，域服务管理器会自动创建起始机构授权、名称服务器等记录。除此之外，DNS 数据库还包含其他的资源记录，用户可根据需要自行向主区域中添加资源记录。

如在新建的 xinxi.com 域中为网络中的 Web 服务器添加主机记录。

① 右击"xinxi.com"，在弹出的快捷菜单中执行"新建主机"命令，如图 3-72 所示。

图 3-72　新建主机

② 为 Web 服务器添加主机名及该主机对应的 IP 地址，如图 3-73 所示。单击"添加主机"按钮将提示创建成功。根据需要，可添加多个主机记录。

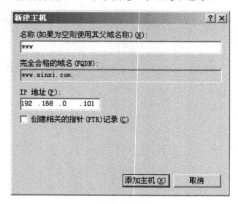

图 3-73　添加主机名称和 IP 地址

③ 返回 DNS 控制台窗口，新添加的主机记录将显示在右窗格中，如图 3-74 所示。

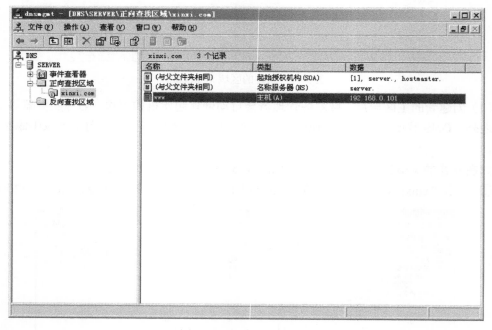

图 3-74　新建的主机记录

四、创建反向查找区域

（1）执行"开始"→"程序"→"管理工具"→"DNS"命令，打开 DNS 窗口。右击"反向查找区域"选项，在弹出的快捷菜单中执行"新建区域"命令。

（2）打开新建区域窗口，单击"下一步"按钮，在"区域类型"对话框中选择"主要区域"。单击"下一步"按钮。

（3）输入网络 ID"192.168.0"，如图 3-75 所示。单击"下一步"按钮。

（4）系统将创建一个新的反向区域文件，如图 3-76 所示，单击"下一步"按钮。

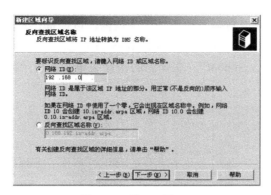

图 3-75　输入网络 ID

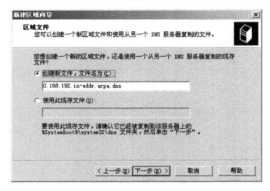

图 3-76　创建区域文件

（5）系统询问是否允许动态更新 DNS 数据，一般选中"不允许动态更新"单选按钮，单击"下一步"按钮。

（6）最后提示前面的设置，如果没有问题的话，单击"完成"按钮即可。至此，一个反向查找区域创建完毕，可在 DNS 控制台窗口中看到新建立的反向区域 192.168.0.x Subnet，如图 3-77 所示。

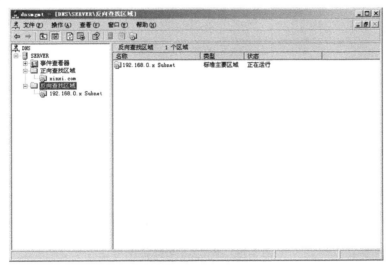

图 3-77　新建的反向区域

（7）反向查找区域中也必须添加相关记录数据，以便提供反向查询的服务

如在新建的反向查找区域中为网络中的 Web 服务器添加指针记录。

① 右击"192.168.0.x Subnet"，在弹出的快捷菜单中执行"新建指针（PTR）"命令，如图 3-78 所示。

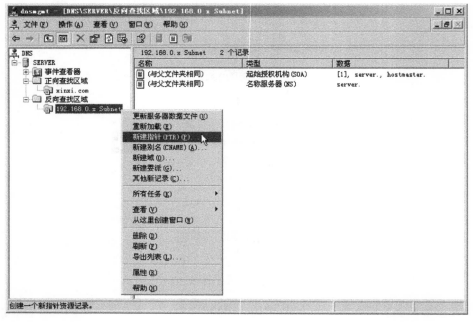

图 3-78　新建指针

② 前面已在正向区域中为网络中的 Web 服务器添加了记录，这里，再为它添加反向记录，如图 3-79 所示。单击"确定"按钮。

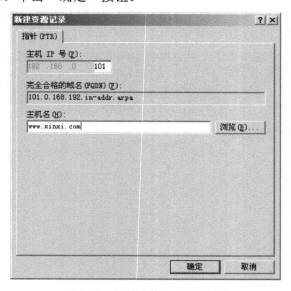

图 3-79　添加主机名称和 IP 号

③ 返回 DNS 控制台窗口，新添加的指针记录将显示在右窗格中，如图 3-80 所示。

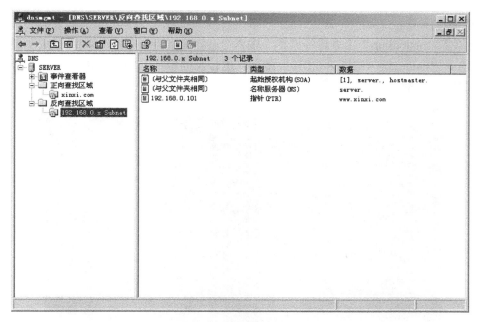

图 3-80　新建的指针记录

五、DNS 客户端的配置

（1）执行"开始"→"设置"→"网络连接"→"本地连接"→"属性"命令，打开
"本地连接属性"对话框，如图 3-81 所示。

（2）选中"Internet 协议（TCP/IP）"复选框，单击"属性"按钮，打开"Internet 协
议（TCP/IP）属性"对话框，在"首选 DNS 服务器"中输入 DNS 服务器的 IP 地址
192.168.0.100，如图 3-82 所示。

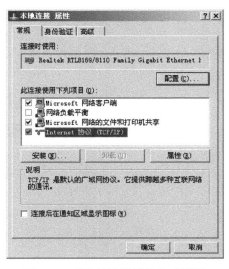

图 3-81　"本地连接属性"对话框

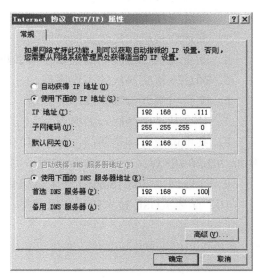

图 3-82　"Internet 协议（TCP/IP）属性"对话框

（3）最后我们来检测 DNS 服务器是否正常工作。

① 执行"开始"→"运行"命令，在弹出的文本框中输入"cmd"命令，打开"命令

提示符"窗口。

② 使用"nslookup"命令进行检测。输入"nslookup www.xinxi.com"命令，进行正向解析；输入"nslookup 192.168.0.101"命令，进行反向解析。如图 3-83 所示，显示结果表示服务器解析功能正常。

图 3-83　正反向解析验证

思考与习题

1．划分虚拟局域网的优点是什么？

2．简述交换机的工作原理。

3．简述交换机和集线器的异同点。

4．衡量交换机的性能的主要技术参数有哪些？

5．简述三层交换机的工作原理。

6．交换机级联与堆叠技术的区别？

7．什么是子网掩码？如何表示？

8．某单位现有 9 个部门，每个部门要求联网的计算机不超过 10 台，现获得 C 类网络地址 202.206.88.0/24，请问如何实现子网的划分？

9．企业网络接入 Internet 技术有哪些？

10．简述 ADSL 技术的工作原理？

规划实施中等规模企业网络

CFJT 某公司是一个以生产冰箱和空调蒸发器、冷凝器等为主要产品的企业，公司下属有生产部、研发部、销售部、客服部、人事部、领导办公室等部门，拥有 150 多个节点。根据公司业务的需要，需要员工能够通过互联网为客户提供业务服务，并建设公司的门户网站，及时发布产品信息，同时为了实现资源共享，需要架设一些公司内部的服务器。

该公司需要建设一个中型的企业网络，并向服务提供商申请了 50Mbps 链路，通过路由器方式接入互联网，网络结构准备采用二层模型，即接入层与核心层，核心层采用两台核心交换机，保证网络的可靠性。为了保证网络的稳定性和拓扑快速收敛，IP 路由协议采用动态路由协议。同时，为了实现公司信息发布、资源共享及本地域名解析等功能，架设相应的服务器资源。企业网络设计图如图 4-1 所示。

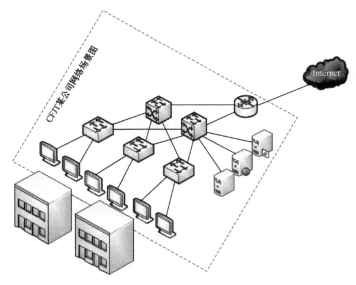

图 4-1 企业网络设计图

任务 14 规划企业网络

子任务 1 用户需求分析

根据公司业务的性质，公司具体有如下需求。

（1）为保障网络的高可用性、可靠性，按照层次化网络结构进行网络设计与实施。

（2）公司内部有生产部、研发部、销售部、客服部、人事部、领导办公室等部门，需根据部门业务的不同进行划分。

（3）内部网络用户需要使用外网地址访问互联网。

（4）公司员工只能在上班时间才能访问互联网资源。

（5）公司通过建立门户网站发布自己的产品信息。

（6）内部员工之间可以通过 FTP 服务器实现资源共享。

（7）公司有自己的 DNS 服务器进行本地域名解析。

（8）需要保障网络的可靠性、高可用性及网络的快速收敛。

子任务 2　网络整体规划

一、项目需求

1. 网络项目概况

CFJT 某公司为了加快信息化建设，公司将建设一个以电子商务、综合业务管理、多媒体视频会议、信息发布及查询为核心，以现代网络技术为依托，技术先进、扩展性强，将公司各部门办公室、多媒体会议室、PC 终端设备、应用系统通过网络连接起来，实现内、外沟通的现代化计算机网络系统。该网络系统支持办公自动化、信息系统管理及公司产品发布等服务，为了确保这些关键应用系统的正常运行、安全和发展，系统必须具备如下的特性。

- 采用先进的网络通信技术完成公司的信息化建设。
- 在整个公司内实现所有部门的办公自动化，提高工作效率和管理服务水平。
- 在整个公司内实现资源共享、产品信息共享、实时新闻发布。
- 在整个公司内能远程为客户提供各种业务服务。

主要信息点集中在生产部、研发部、人事部、客服部、销售部、领导办公室等部门。详细分布如表 4-1 所示。

表 4-1　主要信息点分布

部　　门	信　息　点	备　　注
生产部	80	需保证速度、流量和可靠性
研发部	40	需保证速度、流量和安全性
人事部	20	需保证速度、流量和安全性
客服部	30	需保证速度和流量
销售部	25	需保证速度和流量
领导办公室	5	需保证速度和流量
合计	200	

2. 需求分析

为适应企业信息化的发展，满足日益增长的通信需求和网络的稳定运行，目前企业网络建设比传统企业网络建设提出更高的要求，主要表现在如下几个方面。

（1）现代企业网络应具有更高的带宽，支持千兆以太网或将来平滑过渡到千兆，更强大的性能，以满足用户日益增长的通信需求。

（2）现代企业网络应具有更全面的可靠性设计，以实现网络通信的实时畅通，保障企业生产运营的正常进行。

（3）现代企业网络需要提供完善的端到端 QoS 保障，以满足企业网多业务承载的需求。

（4）现代企业网络应提供更完善的网络安全解决方案，以阻击病毒和黑客的攻击，减少企业的经济损失。

（5）现代企业网络应具备更智能的网络管理解决方案，以适应网络规模日益扩大，维护工作更加复杂的需要。

3．方案设计原则

本方案的设计将在追求性能优越、经济实用的前提下，本着严谨、慎重的态度，从系统结构、技术措施、设备选择、系统应用、技术服务和实施过程等方面综合进行系统的总体设计，力图使该系统真正成为符合该公司的网络系统。

从技术措施角度来讲，在网络的设计和实现中，本方案严格遵守了以下原则。

● 实用性和集成性。

无论是系统的软硬件设计，还是集成，均以实用为第一宗旨，在系统充分适应企业信息化的需求的基础上进而再来考虑其他的性能。该系统所包含的内容很多，必须能将各种先进的软硬件设备有效地集成在一起，使系统的各个组成部分能充分发挥作用，协调一致的进行高效工作。

● 标准性和开往性。

只有支持标准性和开放性的系统，才能支持与其他开放型系统一起协同工作，在网络中采用的硬件设备及软件产品应该支持国际工作标准或事实上的标准，以便能和不同厂家的开放性产品在同一网络中同时共存。通信中应采用标准的通信协议以使不同的操作系统与不同的网络系统及不同的网络之间顺利进行通信。

● 先进性和安全性。

系统所有的组成要素均应充分考虑其先进性，不能一味地追求实用而忽略先进，只有将当今最先进的技术和我们的实际应用要求紧密结合，才能获得最大的系统性能和效益。网络的安全是事关重要的，在某些情况下，宁可牺牲系统的部分功能也必须保证系统的安全。

● 成熟性和高可靠性。

作为信息系统基础的网络结构和网络设备的配置及带宽应能充分地满足网络通信的需要。网络硬件体系结构在实际应用中能经过较长时间的考验，在运行速度和性能上都应稳定可靠，拥有完善、实用的解决方案，并通到较多的第三方开发商和用户在全球的广泛支持和使用。同时，应从长远的技术发展来选择具有很好前景的、较为先进的技术和产品，以适应系统未来的发展需要。

可靠性也是衡量一个计算机应用系统的重要标准之一。在确保系统网络环境中单独设备稳定、可靠运行的前提下，还需要考虑网络整体的容错能力、安全性及稳定性，使系统出现问题和故障时能迅速地修复。因此需要采取一定的预防措施，如对关键应用的主干设备考虑有适当的冗余。应急处理信息系统能够全天候工作，达到每周 7×24 小时工作的要求。一个高可用性的系统才能使用户的投资真正得到回报。

● 可维护性和可管理性

整个信息网络系统中的互联设备，应该使用方便、操作简单易学，并便于维护。对复杂和庞大的网络，要求有强有力的网络管理手段，以便合理的管理网络资源，监视网络状态及控制网络的运行，因此，网络所选的网络设备应支持多种协议，管理员能方便进行网络管理、维护甚至修复。

在设计和实现时，必须充分考虑整个系统的可维护性，以便系统万一发生故障时能提供有效手段及时进行恢复，尽量减少损失。

● 可扩充性和兼容性

网络的拓扑结构应具有可扩展性，即网络连接必须在系统结构、系统容量与处理能力、物理接连、产品支持等方面具有扩充与升级换代的可能，采用的产品要遵循通用的工业标准，以便不同的设备能方便灵活地接连入网并满足系统规模扩充的要求。

为了使所实现系统能够在应用发生变化的情况下保护原有的开发投资，在设计系统时，应将系统按功能做成模块化的，可根据需要增加和删除功能模块。

二、网络方案设计

1. 网络拓扑结构介绍

在此次 CFJT 企业网的设计中，我们采用层次化模型来设计网络拓扑结构。所谓"层次化"模型，就是将复杂的网络设计分成几个层次，每个层次着重于某些特定的功能，这样就能够使一个复杂的大问题变成许多简单的小问题。层次模型既能够应用于局域网的设计，也能够应用于广域网的设计。

在大型企业网设计中，使用层次化模型有许多好处。

● 节省成本。

在采用层次模型之后，各层次各司其职，不再在同一个平台上考虑所有的事情。层次模型模块化的特性使网络中的每一层都能够很好地利用带宽，减少了对系统资源的浪费。

● 易于理解。

层次化设计使得网络结构清晰明了，可以在不同的层次实施不同难度的管理，降低了管理成本。

● 易于扩展。

在网络设计中，模块化具有的特性使得网络增长时，网络的复杂性能够限制在子网中，而不会蔓延到网络的其他地方。而如果采用扁平化和网状设计，任何一个节点的变动都将对整个网络产生很大影响。

● 易于排错。

层次化设计能够使网络拓扑结构分解为易于理解的子网，网络管理者能够轻易地确定网络故障的范围，从而简化了排错过程。

2. 网络拓扑结构

网络拓扑图如图 4-2 所示。

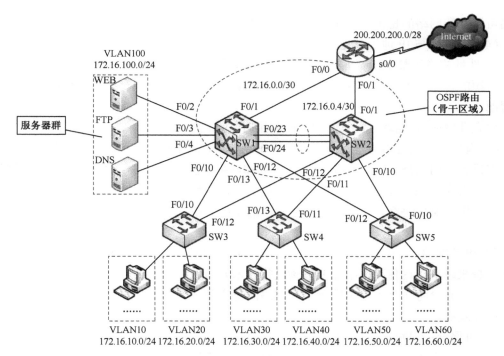

图 4-2   网络拓扑图

3. 网络设计

（1）底层网络设计

本网络构架采用的是双核心二层网络架构。双核心二层网络结构包含核心层和接入层。接入层设备通过双链路上连到两台核心层设备。

在本方案中采用两台锐捷 RG-S3760E 三层交换机作为网络核心层交换机，接入层交换机采用三台锐捷 RG-S2628G。

（2）广域网互联设计

企业网络需要有良好的出口网关设备，在本方案中出口路由器采用 RG-RSR20-18，两台核心层设备与出口设备相连。出口设备的形式也可能存在多种情况，单台、两台或多台，出口设备与核心层设备之间的连接方式也会存在多种情况。本方案中采用的是单台设备。

（3）冗余/负载均衡设计

冗余设计是网络设计的重要部分，是保证网络整体可靠性能的重要手段。但是投资也将增加。部分企业网在早期的建设中由于成本的原因并未在设计中考虑冗余问题，而在优化工作中则需从网络链路和网络设备两方面着手。冗余设计可以贯穿整个层次化结构，每个冗余设计都有针对性，可以选择其中一部分或几部分应用到网络中以针对重要的应用。万一网络中某条路径失效时，冗余链路可以提供另一条物理路径。

在本方案中，在二层使用生成树协议实现链路冗余。接入层设备与核心层设备之间运行生成树协议，通过调整生成树协议的配置实现链路冗余或负载均衡的需求。

在三层使用虚拟路由器冗余协议实现三层冗余。在接入层交换机与核心层交换机之间使用 VRRP 技术实现三层的冗余特性，在配合使用二层生成树协议 MSTP，可以保障网络的高可用性和网络的稳定性，实现网络的快速收敛。

（4）VLAN 与 IP 地址规划

IP 地址构成了整个 Internet 的基础，IP 地址资源是整个 Internet 的基本核心资源，IP 地址资源的合理分配和有效利用是整个 Internet 发展过程中持续有效的一个极具分量的研究课题。

对企业网络 IP 地址编址设计和分配利用时，遵循了以下几个原则：

① 有序：按照自治原则将网络进行逻辑划分后，就根据地域、设备分布及区域内用户数量来进行子网规划。同时，将 IP 地址规划和网络层次规划、路由协议规划、流量规划等结合起来考虑。在进行地址分配时，为了提高地址分配效率和地址利用率，在编址设计时按照了一定的顺序进行。选择的顺序是自上而下的顺序，即采用了业界领先的自顶向下网络设计方法。

② 可持续性：考虑到园区内网络用户数将持续高速增长，网络所要承载的业务量和业务种类越来越多，这使得网络需要频频进行技术升级、改造和扩容。所以，在进行地址分配时本方案充分考虑到了这些因素，为网络的每个部分留有部分地址冗余，这样保证网络的可持续发展。

③ 可聚合：互联网日新月异的发展和日益庞大的规模令当初设计互联网络的专家始料不及，在路由表急剧膨胀情况下，可聚合原则是网络地址分配时所必须遵守的最高原则，可聚合原则要求在进行地址规划时，应提供足够的路由冗余功能。

④ 尽量节约 IPv4 地址：由于 IPv4 地址越来越少，所以对于 IPv4 地址的使用需要格外节约。IPv4 地址的节约可以通过动态编址技术和 NAT 技术等来实现。

⑤ 闲置 IP 地址回收利用：对于已分配出去的静态 IP 地址进行定期追踪管理，对长时间闲置的 IP 地址可经过确认后回收重复利用。

此次方案的设计，我们决定采用一个内部私有 B 类地址（172.16.0.0）对企业网络设备编址。由于方案本身的网络拓扑图采用了典型的层次化设计，所以对 IP 地址的编址设计也应采取层次化的设计来完成，并采用 VLSM 来拓展有限的 IP 地址。

VLSM 是可变长子网掩码的英文缩写，它提供了一个主类（A 类、B 类、C 类）网络内包含多个子网掩码的能力，可以对一个子网再进行子网划分。

VLSM 的优点：

● 对 IP 地址更为有效的使用；
● 应用路由归纳的能力更强。

所以我们采取 VLSM 对网络进行编址，以达到节约 IP 地址，能够使用路由汇总的目的。

经过我们的计算，将各部门 VLAN 与 IP 地址分配如表 4-2 所示。

表 4-2　IP 地址与 VLAN 表

部　　门	VLAN 编号	IP 地址网段
生产部	10	172.16.10.0/24
研发部	20	172.16.20.0/24
人事部	30	172.16.30.0/24

续表

部　　门	VLAN 编号	IP 地址网段
客服部	40	172.16.40.0/24
销售部	50	172.16.50.0/24
领导办公室	60	172.16.60.0/24
服务器群	100	172.16.100.0/24

（5）路由技术

由于网络规模较大，而且采用了基于二层、三层冗余的网络层次结构，核心层实现网络内部的不同网段数据和 VLAN 间数据进行转发，为了防止路由环路，适合于大型网络结构，采用开放式最短路径优先路由协议 OSPF 作为路由协议，并采用单区域方式部署。

OSPF 是一种典型的链路状态路由协议。采用 OSPF 的路由器彼此交换并保存整个网络的链路信息，从而掌握全网的拓扑结构，独立计算路由。因为 RIP 路由协议不能服务于大型网络，所以，IETF 的 IGP 工作组特别开发出链路状态协议——OSPF。目前广为使用的是 OSPF 第二版，最新标准为 RFC2328。

OSPF 作为一种内部网关协议（Interior Gateway Protocol，IGP），用于在同一个自治域（AS）中的路由器之间发布路由信息。区别于距离矢量协议（RIP），OSPF 具有支持大型网络、路由收敛快、占用网络资源少等优点，在目前应用的路由协议中占有相当重要的地位。

（6）NAT 技术

在组建网络时，为了节约地址，在内部使用保留的私有地址段，但是使用私有地址不能访问 Internet，所以必须申请多个公开地址配置在和 Internet 相连的局域网边缘设备上应用 NAT 进行地址转换。

NAT 是网络地址翻译技术，在路由器上起用 NAT 之后，可以在内部私有地址和外部公网地址之间做转换，把网络内部使用的 IP 翻译成外部公网的 IP。

本方案中服务提供商为公司提供的全局的 IP 地址段为 200.200.200.0/28，即 200.200.200.1～200.200.200.13。使用 NAT 技术，将私有地址转换为合法的全局地址，使用动态端口 NAT 技术实现内部用户访问互联网资源。使用静态 NAT 技术，将 Web 服务器发布到互联网。

（7）访问控制列表技术

访问列表提供了一种对网络访问进行有效管理的方法，通过访问列表，可以设置允许或拒绝数据包通过路由器，或者允许或者拒绝具体的某些端口进行访问和使用，如果满足条件则执行相应的操作，放行或者丢弃。通过这些设置来满足实际网络的灵活需求，从而达到设置网络安全策略，防止网络中的敏感设备受到非授权访问的情况。

在具体实现过程中，从技术上来说 ACL 分为两种类型：标准访问列表（Standard Access Lists）和扩展访问列表（Extends Access Lists）。前者在过滤网络的时候只使用 IP 数据报的源地址，在使用这种访问列表的情况下它做出允许或者拒绝这个决定完全依赖于数据包的源 IP 地址，无法区分具体的流量类型。而扩展访问列表则可以提供更细的决定，它可以具体到端口，从而精确到某一个服务，比如对 WEB、FTP 的访问等，给网络的策略提供了更细的控制手段。利用这种访问列表进行协议级的控制以达到对网络一个有效的管理。标准访问控制列表一般放在靠近目标的路由器上，而扩展访问控制列表一般放于靠近源端的路由器上。

在本方案中，使用基于时间的访问控制列表，满足用户只能在上班的时间访问互联网。公司上班时间为每周的星期一到星期五的 9:00～17:00。

（8）链路聚合技术

以太网信道链路聚合可以让交换机之间和交换机与服务器之间的链路带宽有非常好的伸缩性，比如可以把 2 个、3 个、4 个千兆的链路绑定在一起，使链路的带宽成倍增长。链路聚合技术可以实现不同端口的负载均衡，同时也能够互为备份，保证链路的冗余性。在这些千兆以太网交换机中，最多可以支持 4 组链路聚合，每组中最大 4 个端口。生成树协议和链路聚合都可以保证网络的冗余性。

在本方案中，将两台核心层交换机的两条千兆链路捆绑在一起，实现链路聚合，使核心层之间的链路带宽增加，保证链路的可靠性、冗余性，保障核心层数据高速交换的需求。

（9）服务器部署

企业网络中需要部署一些服务器、大型机，如 DNS 服务器，WEB 服务器及数据库服务器，其存储的数据对于企业来说至关重要。一方面，它对企业的重要性毋庸置疑。另一方面，由于这些数据的性质决定了其较大的访问量，这对服务器提出了稳定和快速的要求。为此，人们经常会采用双机热备技术，此技术能够有效地满足核心服务器高效、稳定的要求。

方案考虑到企业网络的建设成本，只将服务器群作简单部署，旁路在核心层交换机上，进行单独的 VLAN 划分。

（10）扩展性考虑

方案所采取的技术与产品充分考虑到了网络未来的升级与发展，无论从企业网的扩展到广域网的建设都作了周密的考虑。系统选择的是最成熟与标准的以太网技术，可以平滑进行过渡升级。

任务 15　认识企业网络实施技术

子任务 1　了解链路聚合协议

链路聚合技术又称为主干技术（Trunking）或捆绑技术（Bonding），其实质是将两台设备间的数条物理链路"组合"成逻辑上的一条数据通路，称为一条聚合链路，如图 4-3（a）所示。交换机之间物理链路 Link1、Link2 和 Link3 组成一条聚合链路。该链路在逻辑上是一个整体，内部的组成和传输数据的细节对上层服务是透明的。聚合内部的物理链路共同完成数据收发任务并相互备份。只要还存在能正常工作的成员，整个传输链路就不会失效。仍以图 4-3（a）的链路聚合为例，如果 Link1 和 Link2 先后故障，他们的数据任务会迅速转移到 Link3 上，因而两台交换机间的连接不会中断，如图 4-3（b）所示。

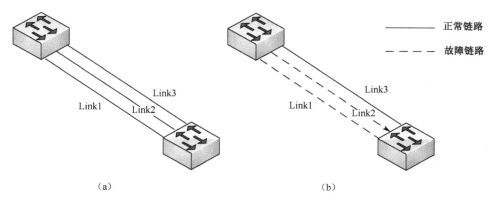

图 4-3　链路聚合

（1）链路聚合的标准。目前链路聚合技术的正式标准为 IEEE 802.ad，链路聚合控制协议（Link Aggregation Control Protocol，LACP）由 IEEE 802 委员会制定。标准中定义了链路聚合技术的目标、聚合子层内各模块的功能和操作的原则，以及链路聚合控制的内容等。

（2）链路聚合的优点。首先是提高了链路的可用性，链路聚合中，成员互相动态备份。当某一链路中断时，其他成员能够迅速接替其工作。与生成树协议不同，链路聚合启用备份的过程对聚合之外是不可见的，而且启用备份过程只在聚合链路内，与其他链路无关，切换可在数毫秒内完成。其次是增加链路容量，几位用户提供一种经济的提高链路传输带宽的方法，通过捆绑多条物理链路，用户不必升级现有设备就能获得更大带宽的数据链路，其容量等于各物理链路容量之和。

（3）Cisco Port Channel。在了解 Port Channel 前先介绍下 Port Group 概念，Port Group 是配置层面上的一个物理端口组，逻辑上 Port Group 并不是一个端口，而是一个端口序列。加入 Port Group 中的物理端口满足某种条件时进行端口汇聚，形成一个 Port Channel，这个 Port Channel 具备了逻辑端口的属性，才真正成为一个独立的逻辑端口。端口汇聚是一种逻辑上的抽象过程，将一组具备相同属性的端口序列，抽象成一个逻辑端口。Port Channel 是一组物理端口的集合体，在逻辑上被作为一个物理端口。对用户来讲，完全可以将这个 Port Channel 作为一个端口使用，因此不仅能增加网络带宽，还能提供链路的备份功能。

（4）链路聚合的简单配置。交换机的端口链路汇聚功能通常在交换机连接路由器、主机或者其他交换机时使用。如图 4-3 中两交换机的 1～3 号端口汇聚成一个 Port Channel，该 Port Channel 的带宽为 3 个端口带宽的总和。

分别在每个交换机的 1～3 号端口上进行如下配置：

```
Switch-1#conf t
Switch-1(config)#int f0/1
Switch-1(config-if)#channel-protocol lacp          （启用端口的 LACP）
Switch-1(config-if)#channel-group 1 mode active    （将本端口以 active 模
式加入聚合组 1，即 prot channel 号为 1 的聚合组）
```

子任务 2　了解生成树协议

在当前高可靠性的交换网络中，实了实现设备间的冗余配置，往往需要对网络中的关键设备和关键链路进行备份。采用冗余拓扑结构保证了当设备或链路故障时可以提供备份设备或链路，从而不影响正常的通信。然而这样却会引起交换环路。交换环路会带来三个问题：广播风暴、同一帧的多个复制、交换机 CAM 表不稳定。

STP（Spanning Tree Protocol）可以解决这些问题，STP 基本思路是阻断一些交换机接口，构建一棵没有环路的转发树。STP 利用 BPDU（Bridge Protocol Data Unit）和其他交换机进行通信，从而确定哪个交换机该阻断哪个接口。在 BPDU 中有几个关键的字段，例如，根桥 ID、路径代价、端口 ID 等。

为了在网络中形成一个没有环路的拓扑，网络中的交换机要进行以下三个步骤：① 选举根桥；② 选取根口，③ 选取指定口。这些步骤中，哪个交换机能获胜将取决于以下因素（按顺序进行）。

① 最低的根桥 ID。
② 最低的根路径代价。
③ 最低发送者桥 ID。
④ 最低发送者端口 ID。

每个交换机都具有一个唯一的桥 ID，这个 ID 由两部分组成：网桥优先级+MAC 地址。网桥优先级是一个 2 个字节的数，交换机的默认优先级为 32768；MAC 地址就是交换机的 MAC 地址。具有最低桥 ID 的交换机就是根桥。根桥上的接口都是指定口，会转发数据包。

选举了根桥后，其他的交换机就成为非根桥了。每台非根桥要选举一条到根桥的根路径。STP 使用路径 Cost 来决定到达根桥的最佳路径（Cost 是累加的，带宽大的链路 Cost 低），最低 Cost 值的路径就是根路径，该接口就是根口；如果 Cost 值一样，就根据选举顺序选举根口。根口是转发数据包的。

交换机的其他接口还要决定是指定口还是阻断口，交换机之间将进一步根据上面的四个因素来竞争。指定口是转发数据帧的。剩下的其他的接口将被阻断，不转发数据包。这样网络就构建出一棵没有环路的转发树。

当网络的拓扑发生变化时，网络会从一个状态向另一个状态过渡，重新打开或阻断某些接口。交换机的端口要经过几种状态：禁用（Disable）、阻塞（Blocking）、监听状态（Listening）、学习状态（Learning），最后是转发状态（Forwarding）。各种端口状态的总结如表 4-3 所示。

表 4-3　各种端口状态总结

状　　态	阻塞	监听	学习	转发	禁用
接收并处理 BPDU	能	能	能	能	不能
接收接口上收到的数据帧	不能	不能	不能	能	不能
发送其他接口交换过来的数据帧	不能	不能	不能	能	不能
学习 MAC 地址	不能	不能	能	能	不能

端口处于各种端口状态的时间长短取决于 BPDU 计时器。只有角色是根桥的交换机可以发送信息来调整计时器。以下计时器决定了 STP 的性能和状态转换：Hello 时间、转发延时和最大老化时间。各个状态转换的过程如图 4-4 所示。

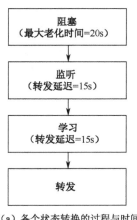

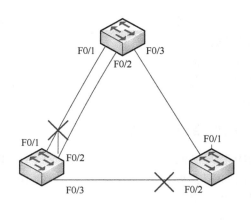

（a）各个状态转换的过程与时间　　　　　　　（b）STP 配置图例

图 4-4　各个状态转换的过程

STP 的收敛时间通常需要 30～50s。为了减少收敛时间，有一些改善措施。Portfast 特性使得以太网接口一旦有设备接入，就立即进入转发状态，如果接口上连接的只是计算机或者其他不运行 STP 的设备，这是非常合适的。

Uplinkfast 则经常用在接入层交换机上，当它连接到主干交换机上的主链路上故障时，能立即切换到备份链路上，而不需要经过 30s 或者 50s。Uplinkfast 只需要在接入层交换机上配置即可。

Backbonefast 则主要用在主干交换机之间，当主干交换机之间的链路上故障时，可以比原有的 50s 时间少 20s 就切换到备份链路上。Backbonefast 需要在全部交换机上配置。

子任务 3　了解虚拟路由冗余协议

虚拟路由冗余协议（Virtual Router Redundancy Protocol，VRRP）是由 IETF 提出解决局域网中配置静态网关出现单点失效现象的路由协议，它广泛应用在边缘网络中，它的设计目标是支持特定情况下 IP 数据流量失败转移不会引起混乱，允许主机使用单路由器，以及及时在实际第一跳路由器使用失败的情形下仍能够维护路由器间的连通性。VRRP 是一种选择协议，它可以把一个虚拟路由器的责任动态分配到局域网上的 VRRP 路由器中的一台。也是一种路由容错协议，又称为备份路由协议。一个局域网络内的所有主机都设置默认路由，当网内主机发出的目的地址不在网段时，报文将被通过默认路由发往外部路由器，从而实现了主机与外部网络的通信。

一、虚拟路由冗余协议中的概述

在 VRRP 协议中，路由器包括两个部分：VRRP 路由器和虚拟路由器；它主要有两个角色，主控路由器和备份路由器。首先，VRRP 路由器是指运行 VRRP 的路由器，是指实际中存在的路由器，是一个实体。虚拟路由器是 VRRP 备份组中所有路由器的集合，它是一个逻辑概念，并不是真正存在的。在 VRRP 中通常由一组 VRRP 路由器共同构成的一个虚拟路由器对外表现为一个具有唯一固定 IP 地址和 MAC 地址的逻辑路由器。处于同一个VRRP 组中的路由器具有两种互斥的角色：主控路由器和备份路由器，一个 VRRP 组中有且只有一台处于主控角色的路由器，其他的路由器是处于备份角色的路由器。在 VRRP 协议中，使用选择策略从路由器组中选出一台作为主控，负责 ARP 相应和转发 IP 数据包，组中的其他路由器作为备份的角色处于待命状态。当由于某种原因主控路由器发生故障时，备份路由器能在几秒钟的时延后升级为主路由器。由于此切换非常迅速而且不用改变 IP 地址和 MAC 地址，故对终端使用者系统是透明的。

二、虚拟路由冗余协议的原理

VRRP 将局域网的一组路由设备构成一个 VRRP 备份组，相当于一台虚拟路由器。局域网内的主机只需要知道这个虚拟路由器的 IP 地址，并不需知道具体某台设备的 IP 地址，将网络内主机的默认网关设置为该虚拟路由器的 IP 地址，主机就可以利用该虚拟网关与外部网络进行通信。

在 VRRP 中，VRRP 组（备份组）中的虚拟路由器对外表现为唯一的虚拟 MAC 地址，地址格式为 00-00-5E-00-01-[VRID]。主控路由器负责对 ARP 请求用该 MAC 地址做应答。这样，无论如何切换，保证给终端设备的是唯一一致的 IP 和 MAC 地址，减少了切换对终端设备的影响。

VRRP 控制报文只有一种：VRRP 通告（Advertisement）。它使用 IP 多播数据包进行封装，组地址为 224.0.0.18，发布范围只限于同一局域网内。这保证了 VRID 在不同网络中可以重复使用。为了减少网络带宽消耗，只有主控路由器才可以周期性的发送 VRRP 通告报文，备份路由器在连续三个通告间隔内收不到 VRRP 或收到优先级为 0 的通告后，启动新的一轮 VRRP 选举。

在 VRRP 路由器组中，按优先级选举主控路由器，VRRP 协议中优先级范围是 0～255。若 VRRP 路由器的 IP 地址和虚拟路由器的接口 IP 地址相同，则称该虚拟路由器作 VRRP 组中的 IP 地址所有者;IP 地址所有者自动具有最高优先级 255。优先级 0 一般用在 IP 地址所有者主动放弃主控者角色时使用。可配置的优先级范围为 1～254。

三、虚拟路由冗余协议的三种状态机制

VRRP 具有三种状态，分别是 Initialize、Master 和 Backup。

Initialize：设备启动时进入此状态，当收到接口 Startup 的消息，将转入 Backup 或 Master 状态（IP 地址拥有者的接口优先级为 255，直接转为 Master）。在此状态时，不会对 VRRP 通告报文做任何处理。

Master：当交换机处于 Master 状态时，它将会做下列工作：定期发送 VRRP 通告报文。

以虚拟 MAC 地址响应对虚拟 IP 地址的 ARP 请求；转发目的 MAC 地址为虚拟 MAC 地址的 IP 报文；如果它是这个虚拟 IP 地址的拥有者，则接收目的 IP 地址为这个虚拟 IP 地址的 IP 报文，否则，丢弃这个 IP 报文；如果收到比自己优先级大的报文则转为 Backup 状态。

如果收到优先级和自己相同的报文，并且发送端的主 IP 地址比自己的主 IP 地址大，则转为 Backup 状态；当接收到接口的 Shutdown 事件时，转为 Initialize 状态。

Backup：当交换机处于 Backup 状态时，它将会做下列工作：接收 Master 发送的 VRRP 通告报文，判断 Master 的状态是否正常；对虚拟 IP 地址的 ARP 请求，不做响应；丢弃目

的 MAC 地址为虚拟 MAC 地址的 IP 报文；丢弃目的 IP 地址为虚拟 IP 地址的 IP 报文；如果收到比自己优先级小的报文时，丢弃报文，不重置定时器；如果收到优先级和自己相同的报文，则重置定时器，不进一步比较 IP 地址；当接收到 MASTER_DOWN_TIMER 定时器超时的事件时，才会转为 Master 状态；当接收到接口的 Shutdown 事件时，转为 Initialize 状态。VRRP 三种状态的关系如图 4-5 所示。

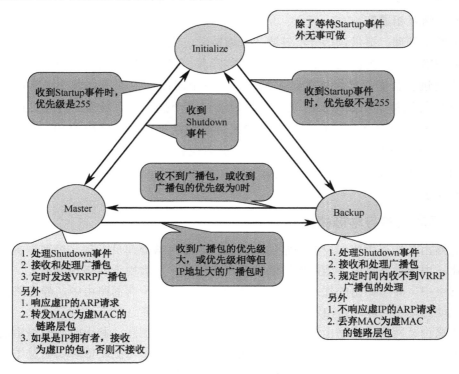

图 4-5　VRRP 状态机

VRRP 使用选举机制来确定路由器的状态，运行 VRRP 的一组路由器对外构成了一个虚拟路由器，其中一台路由器处于 Master 状态，其他处于 Backup 状态。所以主路由器又称为 Master 路由器，备份路由器又称为 Backup 路由器。其选举过程如下。

（1）VRRP 组中 IP 拥有者。如果虚拟 IP 地址与 VRRP 组中的某台 VRRP 路由器 IP 地址相同，则此路由器为 IP 地址拥有者，这台路由器将被定位主路由器。

（2）比较优先级。如果没有 IP 地址拥有者，则比较路由器的优先级，优先级的范围是 0～255，大的作为主路由器。

（3）比较 IP 地址。在没有 IP 地址拥有者和优先级相同的情况下，IP 地址大的作为主路由器。

子任务 4　了解路由技术

一、路由概述

所谓路由，就是指网络层在复杂的网络拓扑结构中找出一条最佳的传输路径，采用逐站传递的方式，把数据包从源节点传输到目的节点的活动。一般来说，在路由过程中，数据包会经过一个或多个中间节点。

路由功能主要是由路由器实现的，它是一种可以连接多个网络或网段的网络设备。简单讲，路由器主要有以下几种功能。

（1）网络互联：路由器支持各种局域网和广域网接口，主要用于互联局域网和广域网，实现不同网络互相通信。

（2）数据处理：提供包括分组过滤、分组转发、优先级处理、数据加密压缩等功能。

（3）网络管理：提供包括配置管理、性能管理、容错管理及流量控制等功能。

路由器进行数据包转发的关键是路由表，每个路由器中都保存着一张路由表，表中的每条路由信息都指明数据到达某个网络应通过哪个接口进行转发。当报文到达路由器时，路由器会检查报文中的目的地址，如果目的地址是路由器接口的 IP 地址或者是广播地址则接收并将数据单元传递给上层处理，否则路由器会查找路由表，选择一个正确的路径进行转发，如果报文的目的地址在路由表中不能匹配任何一条数据信息，那么该报文将被丢弃。

二、静态路由与动态路由

静态路由是在路由器中设置固定的路由表。除非网络管理员干预，否则静态路由不会发生变化。由于静态路由不能对网络的改变作出反应，一般用于网络规模不大、拓扑结构固定的网络中。静态路由的优点是简单、高效、可靠。在所有的路由中，静态路由优先级最高。当动态路由与静态路由发生冲突时，以静态路由为准。

动态路由是网络中的路由器之间相互通信，传递路由信息，利用收到的路由信息更新路由器表的过程。它能实时地适应网络结构的变化。如果路由更新信息表明发生了网络变化，路由选择软件就会重新计算路由，并发出新的路由更新信息。这些信息通过各个网络，引起各路由器重新启动其路由算法，并更新各自的路由表以动态地反映网络拓扑变化。动态路由适用于网络规模大、网络拓扑复杂的网络。当然，各种动态路由协议会不同程度地占用网络带宽和 CPU 资源。

三、动态路由的基本原理

动态路由的协议的基本思想就是路由表之间要相互交换路由信息，一个动态路由协议都要有两个基本功能：维护自身的路由表、以路由更新的形式将路由信息及时发布给其他路由器，如图 4-6 所示。

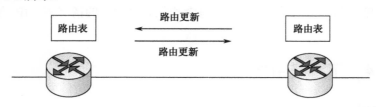

图 4-6　动态路由协议

动态路由的基本原理是依靠动态路由协议使得路由器之间能够互相交换路由信息。路由器与路由器之间交换路由信息时要遵守一组规则，这组规则就是动态路由协议。一个路由协议主要包括以下几项内容：

（1）如何发送路由更新信息（怎么发送）？

（2）更新信息包含哪些内容（发送什么）？

（3）什么时候发送这些更新（何时发送）？

（4）如何确定更新信息的接收者（发送给谁）？

四、路由表

路由协议的最终目的是建立路由表。所谓路由表，指的是路由器或者其他互联网网络设备上存储的表，该表中存有到达特定网络终端的路径，以及路径相关的度量。

（1）管理距离（Administrative Distance）

管理距离（AD）是用来定义路由来源的可行度，其值范围为 0～255（整数）。其值越低，表示路由来源的优先级别就越高；管理距离为 0 表示路由具有最高的优先级。默认情况下，直连网络的管理距离为 0，并且不能更改，但静态路由和动态路由的管理距离是可以人为更改的。表 4-4 列出了常见的动态路由协议的默认管理距离。

表 4-4 常见动态路由协议的默认管理距离

路由协议	管理距离（AD）	路由协议	管理距离（AD）
直连路由	0	IS-IS	115
静态路由	1	RIP	120
EIGRP 汇总路由	5	外部 EIGRP	170
内部 EIGRP	90	ODR	160
OSPF	110		

（2）度量值（Metric）

度量值是路由协议用来分配到达远程网络的路由开销值。对于同一种路由协议，当有多条去往统一目的网络的路径时，路由协议根据度量值确定最佳路径。度量值越低，路径优先级越高。每一种路由协议有自己的度量方法，所以不同路由协议选择的最佳路由可能不一样。常见路由协议使用的度量参数有：跳数、带宽、负载、延时、可信度及开销等。

（3）路由表构建原则

路由器通过 3 种方式进行路由表的构建。

直连网络：路由器自动将和自己直接连接的网络添加到路由表中。

静态路由：通过网络管理员手工配置添加到路由表中。

动态路由：路由协议采用通告方式，自动学习来构建路由表，当有不同路由协议学习到多条去往同一目的网络的路由时，路由器选取管理距离最小的路由条目放入路由表。

五、动态路由协议

1. 距离向量路由协议

距离向量路由协议基于 Bellman Ford 算法。该算法以发明者的名字命名，其工作方式是定期广播路由器自己的路由表的复制，如图 4-7 所示。

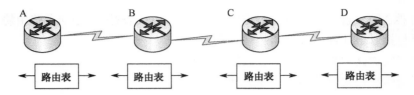

图 4-7　距离向量路由协议扩散路由表

　　每个路由器把自己的直连网络的路由的度量值设为 0，图 4-8 中路由器 A 把到网络 W 的路由的距离设为 0，路由器 A 把它广播给 B，路由器 B 从路由器 A 接收到 W 的路由后，会把距离加 1，同时指示是从左边接口出去的。而路由器 B 又把到网络 W 的路由广播给路由器 C，路由器 C 又会把距离加 1，同是指示是从左边接口出去的。由于距离向量由协议中路由器是通过从其他领导那里得到的知识来构造它们的路由表，所以又称为散布路由。

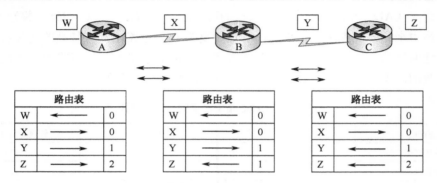

图 4-8　距离向量路由协议如何交换路由表

　　路由协议要能够动态反映网络的拓扑结构，距离向量路由协议的最大特点是定期广播路由器中的全部路由表。如图 4-9 所示，当网络 Z 断开时，路由器 C 会首先知道这一变化，并更新自己的路由表，当定期广播路由表的时间到时，路由器 C 会首先知道这一变化，并更新自己的路由表，当定期广播路由表的时间到时，路由器 C 把路由表广播给路由 B，路由 B 收到路由表，会更新它的路由表（把到达网络 Z 的路由删掉）；同时定期广播路由表的时间到时，路由器 B 也会把路由表广播给路由器 A；最终路由器 A 也更新了自己的路由表（到到达网络 Z 的路由删掉），知道网络 Z 是不可达的。

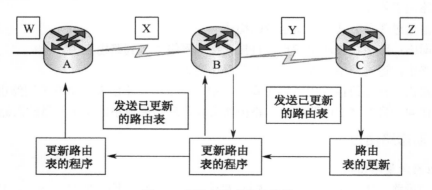

图 4-9　网络拓扑变化的扩散

　　距离向量路由协议最主要的问题是可能产生环路，在维护路由表信息的时候，如果在拓扑发生改变后，网络收敛缓慢产生了不协调或者矛盾的路由选择条目，就会发生路由环路的问题，这种条件下，路由器对无法到达的网络路由不予理睬，导致用户的数据包不停在网络上循环发送，最终造成网络资源的严重浪费。

如图 4-10 所示，C 路由器一侧的 X 网络发生故障，则 C 路由器收到故障信息，并在路由表中把 X 网络设置为不可达，等待更新周期到时来通知相邻的 B 路由器。但这时，如果相邻的 B 路由器的更新周期先来了，则 C 路由器将从 B 路由器学习并更新到达 X 网络的路由。这是错误路由，因为此时的 X 网络已经损坏，而 C 路由器却在自己的路由表内增加了一条经过 B 路由器到达 X 网络的路由。然后 C 路由器还会继续把该错误路由通告给 B 路由器，B 路由器更新路由表，认为到达 X 网络须经过 C 路由，然后继续通知相邻的路由器，至此路由环路形成，C 路由器认为到达 X 网络经过 B 路由器，而 B 则认为到达 X 网络经过 C 路由器。

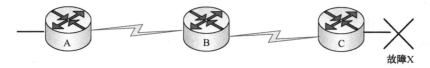

图 4-10　路由环路示意图

路由器环路的解决方法如下。

（1）定义最大值

距离矢量路由算法可以通过 IP 头中的生存时间（TTL）来纠错，但路由环路问题可能首先要求无穷计数。为了避免这个延时问题，距离矢量协议定义了一个最大值，这个数字是指最大的度量值，如 RIP 协议最大值为 16 跳。也就是说，路由更新信息可以向不可到达的网络的路由中的路由器发送 15 次，一旦达到最大值 16，就视为网络不可到达，存在故障，将不再接收来自访问该网络的任何路由更新信息。

（2）路由毒化

所谓的路由毒化就是路由器如果发现某个网络断开时，并不是把该路由删除，而是把它标记为 16 跳或者不可达，并立即通告给别的路由器。

（3）水平分割

水平分割其规则就是不向原始路由更新来的方向再次发送路由更新信息。

（4）触发更新

通常距离向量是定期通告路由信息的，而触发更新不是等待计时器到时才通告路由信息，而是在路由有变化时就通告信息，这样可以大大减少网络的收敛时间，从而减少环路的机会。

（5）抑制计时器

抑制计时器用于阻止定期更新的消息在不恰当的时间内重置一个已经坏掉的路由。抑制计时器告诉路由器把可能影响路由的任何改变暂时保持一段时间，抑制时间通常比更新信息发送到整个网络的时间要长。

常见的距离向量路由有 RIP、IGRP 等。

2. 链路状态路由协议

链路状态路由选择协议又称为最短路径优先协议，它基于 Edsger Dijkstra 的最短路径优先（SPF）算法。它比距离矢量路由协议复杂得多，但基本功能和配置却很简单，甚至算法也容易理解。路由器的链路状态的信息称为链路状态,包括接口的 IP 地址和子网掩码、网络类型（如以太网链路或串行点对点链路）、该链路的开销、该链路上的所有相邻路由器。

　　每个路由器都从与它直连的网络开始，彼此交换链路状态通告（Link State Advertisement，LSA）。每个路由器都从交换直接连接的链路状态开始,并转发其他路由器送来的LSA;每个路由器并行地建立一个网络拓扑数据库,数据库由来自于网上所有的LSA组成;每个路由器中的最短路径 SPF 算法计算网络的可达性,确定从本路由器至网络中其他各点的最短路径,并建立一棵以自己为根的 SPF 树;路由器根据 SPF 树生成路由表。

　　无论何时链路状态拓扑结构发生改变,路由器向其他路由器发送链路状态变化的消息,其他路由器则根据链路状态的变化更新网络拓扑数据库;或者发现链路状态变化的路由器向一个指定的路由器发送链路状态变化的消息,所有其他路由器根据这个指定的路由器来更新网络拓扑数据库;LSA 数据包每次引起网络拓扑数据库的改变,SPF 算法则重新计算最短路径并更新路由表。

　　常见的链路状态路由协议主要有 OSPF、IS-IS 等。

3. 混合路由协议

　　距离向量路由协议和链路状态路由协议各有优缺点,将距离向量路由协议和链路状态路由协议结合起来就是混合路由协议。它使用更复杂的度量值来确定到达目的网络的最佳路径,与距离向量路由协议不同的是:它用拓扑结构的变化来触发路由更新信息的发送,而不是定时发送路由表,如图 4-11 所示。EIGRP 就是混合路由协议。

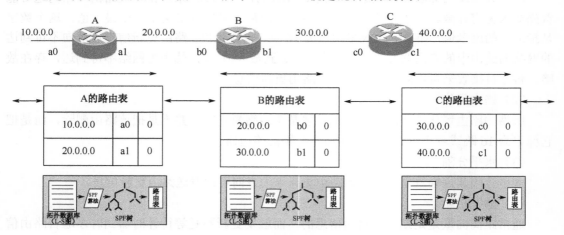

图 4-11　链路状态路由协议中路由信息的交换

任务 16　实施中规模企业网络

子任务 1　实施准备

一、总体要求

● 网络架构采用双核心二层网络架构,接入层设备通过双链路上连到两台核心层设备。

● 核心层交换机上连至企业的出口路由器,出口路由器通过 100Mbps 链路接入到服务商,即采用单出口方式。

● 为了保障网络的高可用性,使用 VRRP 与 MSTP 相结合技术,实现网络的快速收敛。

● 根据公司的用户数量和业务需求,公司的核心层采用两台锐捷 RG-S3760E 三层交换机,接入层采用三台锐捷 RG-S2628G 二层交换机,出口路由器采用一台锐捷 RG-RSR20-18。

二、VLAN 与 IP 地址规划

公司内部有生产部、研发部、人事部、客服部、销售部、领导办公室等部门,采用 VLAN 技术按部门将用户划分到不同的 VLAN 中,同时使用一个内部私有 B 类地址(172.16.0.0)对企业网络的设备编址,实现统一管理,保障各部门的网络安全性,具体如表 4-5 所示。

表 4-5 各部门 VLAN 编号、IP 地址段和网关地址

部 门	VLAN 编号	IP 地址段	网关地址
生产部	10	172.16.10.0/24	172.16.10.254/24
研发部	20	172.16.20.0/24	172.16.20.254/24
人事部	30	172.16.30.0/24	172.16.30.254/24
客服部	40	172.16.40.0/24	172.16.40.254/24
销售部	50	172.16.50.0/24	172.16.50.254/24
领导办公室	60	172.16.60.0/24	172.16.60.254/24
服务器群	100	172.16.100.0/24	172.16.100.1/24

三、可靠性与负载均衡设计

为了实现二层链路的冗余与负载均衡,配置生成树协议 MSTP。创建两个 MSTP 实例,分别是 10 和 20。实例 10 的成员是 VLAN 10、VLAN 20 和 VLAN 30,实例 20 的成员是 VLAN40、VLAN50 和 VLAN 60,设置两台三层交换机为生成树实例的根,并且互为对方的备份根。

为了实现三层链路的冗余与负载均衡,配置虚拟路由器冗余协议 VRRP。设置一台三层交换机 SW1 为 VLAN 10、VLAN 20 和 VLAN 30 的活动路由器,另一台三层交换机 SW2 为备份路由器;设置 SW2 为 VLAN40、VLAN50 和 VLAN 60 的活动路由器,SW1 为备份路由器。为了实现网络快速收敛,所有接入层交换机的 ACCESS 接口为速端口,两台三层交换机相连的链路配置为链路聚合,并使用负载均衡技术,根据链路流量的源 IP 地址进行转发。

四、其他设计

企业网络规模较大,为防止路由环路,选择动态路由 OSPF 路由协议进行配置,并采用单区域方式部署。

使用 NAT 技术,将私有地址转换为合法的全局地址,使用动态端口 NAT 技术实现内部用户访问互联网资源;使用静态 NAT 技术,将 Web 服务器发布到互联网。具体如表 4-6 所示。

表 4-6　地址转换表

设 备 名 称	内 网 地 址	全 局 地 址
Web 服务器	172.16.100.2	200.200.200.2/28
内部用户		200.200.200.3~13/28

使用基于时间的访问控制列表，满足公司用户只能在上班的时间访问互联网。公司上班时间为每周的星期一到星期五的 9:00~17:00。

根据企业需要，在 Windows Server 2008 R2 环境下，配置 Web 服务器、FTP 服务器和 DNS 服务器。DNS 服务器设置域 cfjt.com，并为 WWW、FTP 主机增加记录；Web 服务器建立两个站点，分别是 www.cfjt.com 和 www1.cfjt.com。FTP 服务器允许用户匿名访问，赋予所有操作权限。

五、网络设备及 IP 地址清单

网络设备清单如表 4-7 所示，设备接口 IP 地址清单如表 4-8 所示。

表 4-7　网络设备清单

设 备 名 称	设 备 品 牌	设 备 型 号	设备数量/台
路由器	锐捷	RG-RSR20-18	1
三层交换机	锐捷	RG-S3760E	2
二层交换机	锐捷	RG-S2628G	3
服务器	联想	I7 双核	3

表 4-8　设备接口 IP 地址清单

设 备 名 称	连 接 接 口	IP 地址	备　　注
RG-RSR20-18	S0/0	200.200.200.1/28	连接 Internet 网接口
	F0/0	172.16.0.2/30	连接核心交换机 SW1
	F0/1	172.16.0.6/30	连接核心交换机 SW2
RG-S3760E（SW1）	F0/1	172.16.0.1/30	连接到出口路由器
	F0/23	链路聚合	连接到核心交换机 SW2
	F0/24	链路聚合	连接到核心交换机 SW2
	F0/10		连接到接入层交换机 SW3
	F0/12		连接到接入层交换机 SW5
	F0/13		连接到接入层交换机 SW4
	F0/2-F0/4		接入服务器群
	VLAN 10	172.16.10.1/24	
	VLAN 20	172.16.20.1/24	
	VLAN 30	172.16.30.1/24	
	VLAN 40	172.16.40.1/24	
	VLAN 50	172.16.50.1/24	
	VLAN 60	172.16.60.1/24	
	VLAN 100	172.16.100.1/24	
RG-S3760E（SW2）	F0/1	172.16.0.5/30	连接到出口路由器
	F0/23	链路聚合	连接到核心交换机 SW1

续表

设 备 名 称	连 接 接 口	IP 地址	备　　注
	F0/24	链路聚合	连接到核心交换机 SW1
	F0/10		连接到接入层交换机 SW5
	F0/11		连接到接入层交换机 SW4
	F0/12		连接到接入层交换机 SW3
	VLAN 10	172.16.10.2/24	
	VLAN 20	172.16.20.2/24	
	VLAN 30	172.16.30.2/24	
	VLAN 40	172.16.40.2/24	
	VLAN 50	172.16.50.224	
	VLAN 60	172.16.60.2/24	
RG-S2628G（SW3）	F0/10		连接到核心交换机 SW1
	F0/12		连接到核心交换机 SW2
	F0/1～F0/9		连接到研发部计算机
	F0/13～F0/22		连接到生产部计算机
RG-S2628G（SW4）	F0/13		连接到核心交换机 SW1
	F0/11		连接到核心交换机 SW2
	F0/1～F0/9		连接到人事部计算机
	F0/13～F0/22		连接到客服部计算机
RG-S2628G（SW5）	F0/12		连接到核心交换机 SW1
	F0/10		连接到核心交换机 SW2
	F0/1～F0/9		连接到领导办公室计算机
	F0/13～F0/22		连接到客服部计算机
WEB 服务器	VLAN 100	172.16.100.2/24	全局地址 200.200.200.2/28
FTP 服务器	VLAN 100	172.16.100.3/24	
DNS 服务器	VLAN 100	172.16.100.4/24	

子任务 2　配置网络接入层

一、接入层交换机 SW3 配置

```
Switch(config)#hostname SW3                        （为交换机命名）
SW3(config)#vlan 10                                （创建 VLAN 10）
SW3(config-vlan)#name yanfabu                      （为 VLAN 10 命名）
SW3(config)#vlan 20                                （创建 VLAN 20）
SW3(config-vlan)#name shengchanbu                  （为 VLAN 20 命名）
SW3(config)#interface f0/10                        （进入接口模式）
SW3(config-if)#switchport mode trunk               （设置接口为干道模式）
SW3(config)#interface f0/12                        （进入接口模式）
SW3(config-if)#switchport mode trunk               （设置接口为干道模式）
SW3(config)#interface range f0/1 -9                （进入接口范围模式）
SW3(config-if-range)#switchport mode access        （接口设置为接入模式）
```

```
SW3(config-if-range)#switchport access vlan 20          （接口划分到 VLAN 20）
SW3(config-if-range)#spanning-tree portfast             （启用速端口）
SW3(config)#interface range f0/13 -22                   （进入接口范围模式）
SW3(config-if-range)#switchport mode access             （接口设置为接入模式）
SW3(config-if-range)#switchport access vlan 10          （接口划分到 VLAN 10）
SW3(config-if-range)#spanning-tree portfast             （启用速端口）
SW3(config)#spanning-tree enable                        （启用生成树协议）
SW3(config)#spanning-tree mode mstp                     （定义 MSTP 模式）
SW3(config)#spanning-tree mst configuration             （进入 MSTP 配置模式）
SW3(config-mst)#instance 10 vlan 10,20,30               （创建实例10）
SW3(config-mst)#instance 20 vlan 40,50,60               （创建实例20）
SW3(config-mst)#name cfjt                               （定义区域名称）
SW3(config-mst)#revision 1                              （定义配置版本号）
```

二、接入层交换机 SW4 配置

```
Switch(config)#hostname SW4                             （为交换机命名）
SW4(config)#vlan 30                                     （创建 VLAN30）
SW4(config-vlan)#name renshibu                          （为 VLAN 30 命名）
SW4(config)#vlan 40                                     （创建 VLAN 40）
SW4(config-vlan)#name kefubu                            （为 VLAN 40 命名）
SW4(config)#interface f0/11                             （进入接口模式）
SW4(config-if)#switchport mode trunk                    （设置接口为干道模式）
SW4(config)#interface f0/13                             （进入接口模式）
SW4(config-if)#switchport mode trunk                    （设置接口为干道模式）
SW4(config)#interface range f0/1 -9                     （进入接口范围模式）
SW4(config-if-range)#switchport mode access             （接口设置为接入模式）
SW4(config-if-range)#switchport access vlan 30          （接口划分到 VLAN 30）
SW4(config-if-range)#spanning-tree portfast             （启用速端口）
SW4(config)#interface range f0/13 -22                   （进入接口范围模式）
SW4(config-if-range)#switchport mode access             （接口设置为接入模式）
SW4(config-if-range)#switchport access vlan 40          （接口划分到 VLAN 40）
SW4(config-if-range)#spanning-tree portfast             （启用速端口）
SW4(config)#spanning-tree enable                        （启用生成树协议）
SW4(config)#spanning-tree mode mstp                     （定义 MSTP 模式）
SW4(config)#spanning-tree mst configuration             （进入 MSTP 配置模式）
SW4(config-mst)#instance 10 vlan 10,20,30               （创建实例10）
SW4(config-mst)#instance 20 vlan 40,50,60               （创建实例20）
SW4(config-mst)#name cfjt                               （定义区域名称）
SW4(config-mst)#revision 1                              （定义配置版本号）
```

三、接入层交换机 SW5 配置

```
Switch(config)#hostname SW5                             （为交换机命名）
SW5(config)#vlan 50                                     （创建 VLAN50）
SW5(config-vlan)#name xiaoshoubu                        （为 VLAN 50 命名）
```

```
SW5(config)#vlan 60                                    （创建 VLAN 60）
SW5(config-vlan)#name lingdao                          （为 VLAN 60 命名）
SW5(config)#interface f0/10                            （进入接口模式）
SW5(config-if)#switchport mode trunk                   （设置接口为干道模式）
SW5(config)#interface f0/12                            （进入接口模式）
SW5(config-if)#switchport mode trunk                   （设置接口为干道模式）
SW5(config)#interface range f0/1 -9                    （进入接口范围模式）
SW5(config-if-range)#switchport mode access            （接口设置为接入模式）
SW5(config-if-range)#switchport access vlan 60         （接口划分到 VLAN 60）
SW5(config-if-range)#spanning-tree portfast            （启用速端口）
SW5(config)#interface range f0/13 -22                  （进入接口范围模式）
SW5(config-if-range)#switchport mode access            （接口设置为接入模式）
SW5(config-if-range)#switchport access vlan 50         （接口划分到 VLAN 50）
SW5(config-if-range)#spanning-tree portfast            （启用速端口）
SW5(config)#spanning-tree enable                       （启用生成树协议）
SW5(config)#spanning-tree mode mstp                    （定义 MSTP 模式）
SW5(config)#spanning-tree mst configuration            （进入 MSTP 配置模式）
SW5(config-mst)#instance 10 vlan 10,20,30              （创建实例 10）
SW5(config-mst)#instance 20 vlan 40,50,60              （创建实例 20）
SW5(config-mst)#name cfjt                              （定义区域名称）
SW5(config-mst)#revision 1                             （定义配置版本号）
```

子任务 3 配置网络核心层

一、核心层交换机 SW1 配置

```
Switch(config)#hostname SW1                            （为交换机命名）
SW1(config)#vlan 10                                    （创建 VLAN 10）
SW1(config-vlan)#name yanfabu                          （为 VLAN 10 命名）
SW1(config)#vlan 20                                    （创建 VLAN 20）
SW1(config-vlan)#name shengchanbu                      （为 VLAN 20 命名）
SW1(config)#vlan 30                                    （创建 VLAN30）
SW1(config-vlan)#name renshibu                         （为 VLAN 30 命名）
SW1(config)#vlan 40                                    （创建 VLAN 40）
SW1(config-vlan)#name kefubu                           （为 VLAN 40 命名）
SW1(config)#vlan 50                                    （创建 VLAN50）
SW1(config-vlan)#name xiaoshoubu                       （为 VLAN 50 命名）
SW1(config)#vlan 60                                    （创建 VLAN 60）
SW1(config-vlan)#name lingdao                          （为 VLAN 60 命名）
SW1(config)#vlan 100                                   （创建 VLAN100）
SW1(config-vlan)#name fuwuq                            （为 VLAN 100 命名）
SW1(config)#interface range f0/10 -13                  （进入接口范围模式）
SW1(config-if-range)#switchport mode trunk             （设置接口为干道模式）
SW1(config)#interface range f0/2 -4                    （进入接口范围模式）
```

```
SW1(config-if-range)#switchport mode access          （接口设置为接入模式）
SW1(config-if-range)#switchport access vlan 100      （接口划分到 VLAN 100）
SW1(config)#interface f0/23                          （进入接口模式）
SW1(config-if)#portgroup 1                           （接口设置为 AP 成员端口）
SW1(config)#interface f0/24                          （进入接口模式）
SW1(config-if)#portgroup 1                           （接口设置为 AP 成员端口）
SW1(config)#interface Aggregateport 1               （进入聚合接口模式）
SW1(config-if)#switchport mode trunk                 （设置接口为干道模式）
SW1(config)#aggregateport load-balance src-ip       （聚合接口流量基于源 IP
进行负载）
SW1(config)#interface f0/1                           （进入接口模式）
SW1(config-if)#no switchport                         （启用三层功能）
SW1(config-if)#ip address 172.16.0.1 255.255.255.252 （配置接口 IP 地址）
SW1(config-if)#no shutdown                           （激活接口）
SW1(config)#interface vlan 10                        （进入 VLAN 接口）
SW1(config-if)#ip address 172.16.10.1 255.255.255.0  （配置接口 IP 地址）
SW1(config-if)#no shutdown                           （激活接口）
SW1(config)#interface vlan 20                        （进入 VLAN 接口）
SW1(config-if)#ip address 172.16.20.1 255.255.255.0  （配置接口 IP 地址）
SW1(config-if)#no shutdown                           （激活接口）
SW1(config)#interface vlan 30                        （进入 VLAN 接口）
SW1(config-if)#ip address 172.16.30.1 255.255.255.0  （配置接口 IP 地址）
SW1(config-if)#no shutdown                           （激活接口）
SW1(config)#interface vlan 40                        （进入 VLAN 接口）
SW1(config-if)#ip address 172.16.40.1 255.255.255.0  （配置接口 IP 地址）
SW1(config-if)#no shutdown                           （激活接口）
SW1(config)#interface vlan 50                        （进入 VLAN 接口）
SW1(config-if)#ip address 172.16.50.1 255.255.255.0  （配置接口 IP 地址）
SW1(config-if)#no shutdown                           （激活接口）
SW1(config)#interface vlan 60                        （进入 VLAN 接口）
SW1(config-if)#ip address 172.16.60.1 255.255.255.0  （配置接口 IP 地址）
SW1(config-if)#no shutdown                           （激活接口）
SW1(config)#interface vlan 100                       （进入 VLAN 接口）
SW1(config-if)#ip address 172.16.100.1 255.255.255.0 （配置接口 IP 地址）
SW1(config-if)#no shutdown                           （激活接口）
SW1(config)#spanning-tree enable                     （启用生成树协议）
SW1(config)#spanning-tree mode mstp                  （定义 MSTP 模式）
SW1(config)#spanning-tree mst configuration          （进入 MSTP 配置模式）
SW1(config-mst)#instance 10 vlan 10,20,30            （创建实例 10）
SW1(config-mst)#instance 20 vlan 40,50,60            （创建实例 20）
SW1(config-mst)#name cfjt                            （定义区域名称）
SW1(config-mst)#revision 1                           （定义配置版本号）
SW1(config)#spanning-tree mst 10 priority 4096       （SW1 为实例 10 的根）
SW1(config)#spanning-tree mst 20 priority 8192       （SW1 为实例 20 的备份根）
```

```
SW1(config)#interface vlan 10                                   (进入 VLAN 接口)
SW1(config-if)#vrrp 10 ip 172.16.10.254                         (配置 VRRP 进程)
SW1(config-if)#vrrp 10 preempt                                  (配置抢占模式)
SW1(config-if)#vrrp 10 priority 150                             (配置接口 VRRP 优先级)
SW1(config-if)#vrrp 10 track f0/1 60                            (配置跟踪接口)
SW1(config)#interface vlan 20                                   (进入 VLAN 接口)
SW1(config-if)#vrrp 20 ip 172.16.20.254                         (配置 VRRP 进程)
SW1(config-if)#vrrp 20 preempt                                  (配置抢占模式)
SW1(config-if)#vrrp 20 priority 150                             (配置接口 VRRP 优先级)
SW1(config-if)#vrrp 20 track f0/1 60                            (配置跟踪接口)
SW1(config)#interface vlan 30                                   (进入 VLAN 接口)
SW1(config-if)#vrrp 30 ip 172.16.30.254                         (配置 VRRP 进程)
SW1(config-if)#vrrp 30 preempt                                  (配置抢占模式)
SW1(config-if)#vrrp 30 priority 150                             (配置接口 VRRP 优先级)
SW1(config-if)#vrrp 30 track f0/1 60                            (配置跟踪接口)
SW1(config)#interface vlan 40                                   (进入 VLAN 接口)
SW1(config-if)#vrrp 40 ip 172.16.40.254                         (配置 VRRP 进程)
SW1(config-if)#vrrp 40 preempt                                  (配置抢占模式)
SW1(config-if)#vrrp 40 priority 100                             (配置接口 VRRP 优先级)
SW1(config)#interface vlan 50                                   (进入 VLAN 接口)
SW1(config-if)#vrrp 50 ip 172.16.50.254                         (配置 VRRP 进程)
SW1(config-if)#vrrp 50 preempt                                  (配置抢占模式)
SW1(config-if)#vrrp 50 priority 100                             (配置接口 VRRP 优先级)
SW1(config)#interface vlan 60                                   (进入 VLAN 接口)
SW1(config-if)#vrrp 60 ip 172.16.60.254                         (配置 VRRP 进程)
SW1(config-if)#vrrp 60 preempt                                  (配置抢占模式)
SW1(config-if)#vrrp 60 priority 100                             (配置接口 VRRP 优先级)
SW1(config)#router ospf 1                                       (宣告 OSPF 路由进程)
SW1(config-router)#router-id 1.1.1.1                            (配置路由器 ID)
SW1(config-router)#network 172.16.0.1 0.0.0.0 area 0     (宣告路由)
SW1(config-router)#network 172.16.10.1 0.0.0.0 area 0    (宣告路由)
SW1(config-router)#network 172.16.20.1 0.0.0.0 area 0    (宣告路由)
SW1(config-router)#network 172.16.30.1 0.0.0.0 area 0    (宣告路由)
SW1(config-router)#network 172.16.40.1 0.0.0.0 area 0    (宣告路由)
SW1(config-router)#network 172.16.50.1 0.0.0.0 area 0    (宣告路由)
SW1(config-router)#network 172.16.60.1 0.0.0.0 area 0    (宣告路由)
SW1(config-router)#network 172.16.100.1 0.0.0.0 area 0   (宣告路由)
SW1(config)#ip route 0.0.0.0 0.0.0.0 172.16.0.2                 (配置默认路由)
```

二、核心层交换机 SW2 配置

```
Switch(config)#hostname SW2                                     (为交换机命名)
SW2(config)#vlan 10                                             (创建 VLAN 10)
SW2(config-vlan)#name yanfabu                                   (为 VLAN 10 命名)
SW2(config)#vlan 20                                             (创建 VLAN 20)
```

```
SW2(config-vlan)#name shengchanbu                    （为 VLAN 20 命名）
SW2(config)#vlan 30                                  （创建 VLAN30）
SW2(config-vlan)#name renshibu                       （为 VLAN 30 命名）
SW2(config)#vlan 40                                  （创建 VLAN 40）
SW2(config-vlan)#name kefubu                         （为 VLAN 40 命名）
SW2(config)#vlan 50                                  （创建 VLAN50）
SW2(config-vlan)#name xiaoshoubu                     （为 VLAN 50 命名）
SW2(config)#vlan 60                                  （创建 VLAN 60）
SW2(config-vlan)#name lingdao                        （为 VLAN 60 命名）
SW2(config)#interface range f0/10 -12                （进入接口范围模式）
SW2(config-if-range)#switchport mode trunk           （设置接口为干道模式）
SW2(config)#interface f0/23                          （进入接口模式）
SW2(config-if)#portgroup 1                           （接口设置为 AP 成员端口）
SW2(config)#interface f0/24                          （进入接口模式）
SW2(config-if)#portgroup 1                           （接口设置为 AP 成员端口）
SW2(config)#interface Aggregateport 1               （进入聚合接口模式）
SW2(config-if)#switchport mode trunk                 （设置接口为干道模式）
SW2(config)#aggregateport load-balance src-ip        （聚合接口流量基于源 IP
进行负载）
SW2(config)#interface f0/1                           （进入接口模式）
SW2(config-if)#no switchport                         （启用三层功能）
SW2(config-if)#ip address 172.16.0.5 255.255.255.252 （配置接口 IP 地址）
SW2(config-if)#no shutdown                           （激活接口）
SW2(config)#interface vlan 10                        （进入 VLAN 接口）
SW2(config-if)#ip address 172.16.10.2 255.255.255.0 （配置接口 IP 地址）
SW2(config-if)#no shutdown                           （激活接口）
SW2(config)#interface vlan 20                        （进入 VLAN 接口）
SW2(config-if)#ip address 172.16.20.2 255.255.255.0 （配置接口 IP 地址）
SW2(config-if)#no shutdown                           （激活接口）
SW2(config)#interface vlan 30                        （进入 VLAN 接口）
SW2(config-if)#ip address 172.16.30.2 255.255.255.0 （配置接口 IP 地址）
SW2(config-if)#no shutdown                           （激活接口）
SW2(config)#interface vlan 40                        （进入 VLAN 接口）
SW2(config-if)#ip address 172.16.40.2 255.255.255.0 （配置接口 IP 地址）
SW2(config-if)#no shutdown                           （激活接口）
SW2(config)#interface vlan 50                        （进入 VLAN 接口）
SW2(config-if)#ip address 172.16.50.2 255.255.255.0 （配置接口 IP 地址）
SW2(config-if)#no shutdown                           （激活接口）
SW2(config)#interface vlan 60                        （进入 VLAN 接口）
SW2(config-if)#ip address 172.16.60.2 255.255.255.0 （配置接口 IP 地址）
SW2(config-if)#no shutdown                           （激活接口）
SW2(config)#spanning-tree enable                     （启用生成树协议）
SW2(config)#spanning-tree mode mstp                  （定义 MSTP 模式）
SW2(config)#spanning-tree mst configuration          （进入MSTP配置模式）
```

```
SW2(config-mst)#instance 10 vlan 10,20,30            （创建实例 10）
SW2(config-mst)#instance 20 vlan 40,50,60            （创建实例 20）
SW2(config-mst)#name cfjt                            （定义区域名称）
SW2(config-mst)#revision 1                           （定义配置版本号）
SW2(config)#spanning-tree mst 20 priority 4096       （SW2 为实例 20 的根）
SW2(config)#spanning-tree mst 10 priority 8192       （SW2 为实例 10 的备份根）
SW2(config)#interface vlan 10                         （进入 VLAN 接口）
SW2(config-if)#vrrp 10 ip 172.16.10.254              （配置 VRRP 进程）
SW2(config-if)#vrrp 10 preempt                       （配置抢占模式）
SW2(config-if)#vrrp 10 priority 100                  （配置接口 VRRP 优先级）
SW2(config)#interface vlan 20                         （进入 VLAN 接口）
SW2(config-if)#vrrp 20 ip 172.16.20.254              （配置 VRRP 进程）
SW2(config-if)#vrrp 20 preempt                       （配置抢占模式）
SW2(config-if)#vrrp 20 priority 100                  （配置接口 VRRP 优先级）
SW2(config)#interface vlan 30                         （进入 VLAN 接口）
SW2(config-if)#vrrp 30 ip 172.16.30.254              （配置 VRRP 进程）
SW2(config-if)#vrrp 30 preempt                       （配置抢占模式）
SW2(config-if)#vrrp 30 priority 100                  （配置接口 VRRP 优先级）
SW2(config)#interface vlan 40                         （进入 VLAN 接口）
SW2(config-if)#vrrp 40 ip 172.16.40.254              （配置 VRRP 进程）
SW2(config-if)#vrrp 40 preempt                       （配置抢占模式）
SW2(config-if)#vrrp 40 priority 150                  （配置接口 VRRP 优先级）
SW2(config-if)#vrrp 40 track f0/1 60                 （配置跟踪接口）
SW2(config)#interface vlan 50                         （进入 VLAN 接口）
SW2(config-if)#vrrp 50 ip 172.16.50.254              （配置 VRRP 进程）
SW2(config-if)#vrrp 50 preempt                       （配置抢占模式）
SW2(config-if)#vrrp 50 priority 150                  （配置接口 VRRP 优先级）
SW2(config-if)#vrrp 50 track f0/1 60                 （配置跟踪接口）
SW2(config)#interface vlan 60                         （进入 VLAN 接口）
SW2(config-if)#vrrp 60 ip 172.16.60.254              （配置 VRRP 进程）
SW2(config-if)#vrrp 60 preempt                       （配置抢占模式）
SW2(config-if)#vrrp 60 priority 150                  （配置接口 VRRP 优先级）
SW2(config-if)#vrrp 60 track f0/1 60                 （配置跟踪接口）
SW2(config)#router ospf 1                            （宣告 OSPF 路由进程）
SW2(config-router)#router-id 2.2.2.2                 （配置路由器 ID）
SW2(config-router)#network 172.16.0.5 0.0.0.0 area 0    （宣告路由）
SW2(config-router)#network 172.16.10.2 0.0.0.0 area 0   （宣告路由）
SW2(config-router)#network 172.16.20.2 0.0.0.0 area 0   （宣告路由）
SW2(config-router)#network 172.16.30.2 0.0.0.0 area 0   （宣告路由）
SW2(config-router)#network 172.16.40.2 0.0.0.0 area 0   （宣告路由）
SW2(config-router)#network 172.16.50.2 0.0.0.0 area 0   （宣告路由）
SW2(config-router)#network 172.16.60.2 0.0.0.0 area 0   （宣告路由）
SW2(config)#ip route 0.0.0.0 0.0.0.0 172.16.0.6      （配置默认路由）
```

子任务4　配置网络出口设备

```
Router(config)#hostname R1                              （为路由器命名）
R1(config)#interface f0/0                               （进入接口模式）
R1(config-if)#ip address 172.16.0.2 255.255.255.252    （配置接口 IP 地址）
R1(config-if)#no shutdown                               （激活接口）
R1(config)#interface f0/1                               （进入接口模式）
R1(config-if)#ip address 172.16.0.6 255.255.255.252    （配置接口 IP 地址）
R1(config-if)#no shutdown                               （激活接口）
R1(config)#interface s0/0                               （进入接口模式）
R1(config-if)#ip address 200.200.200.1 255.255.255.240    （配置接口 IP
地址）
R1(config-if)#no shutdown                               （激活接口）
R1(config)#interface f0/0                               （进入接口模式）
R1(config-if)#ip nat inside                             （定义接口为内部接口）
R1(config)#interface f0/1                               （进入接口模式）
R1(config-if)#ip nat inside                             （定义接口为内部接口）
R1(config)#interface s0/0                               （进入接口模式）
R1(config-if)#ip nat outside                            （定义接口为外部接口）
R1(config)#time-range worktime                          （创建时间访问列表）
R1(config-time-range)#periodic weekdays 09:00 to 17:00 （定义周期时间）
R1(config)#access-list 10 permit 172.16.10.0 0.0.0.255 time-range
work-time
                                    （创建访问控制列表，应用时间限制）
R1(config)#access-list 10 permit 172.16.20.0 0.0.0.255 time-range
work-time
                                    （创建访问控制列表，应用时间限制）
R1(config)#access-list 10 permit 172.16.30.0 0.0.0.255 time-range
work-time
                                    （创建访问控制列表，应用时间限制）
R1(config)#access-list 10 permit 172.16.40.0 0.0.0.255 time-range
work-time
                                    （创建访问控制列表，应用时间限制）
R1(config)#access-list 10 permit 172.16.50.0 0.0.0.255 time-range
work-time
                                    （创建访问控制列表，应用时间限制）
R1(config)#access-list 10 permit 172.16.60.0 0.0.0.255 time-range
work-time
                                    （创建访问控制列表，应用时间限制）
R1(config)#ip nat pool internet 200.200.200.3 200.200.200.13 network
255.255.255.240
                                    （创建 NAT 全局地址池）
R1(config)#ip nat inside source list 10 pool internet overload
```

```
                                      （配置动态 NAT，实现内网访问互联网）
R1(config)#ip nat inside source static tcp 172.16.100.2 80 200.200.200.2
80
                                （配置静态 NAT，实现内网 WEB 服务器发布到互联网）
R1(config)#router ospf  1                    （宣告 OSPF 路由进程）
R1(config-router)#router-id 3.3.3.3              （配置路由器 ID）
R1(config-router)#network 172.16.0.2 0.0.0.0 area 0   （宣告路由）
R1(config-router)#network 172.16.0.6 0.0.0.0 area 0   （宣告路由）
R1(config)#ip route 0.0.0.0 0.0.0.0 s0/0           （配置默认路由）
```

子任务 5 配置服务器群

一、Web 服务器配置

1. Web 服务器的安装

（1）以系统管理员身份登录到安装 IIS 的服务器上，执行"开始"→"管理工具"→"服务器管理器"命令，打开"服务器管理器"对话框。在"服务器管理器"对话框中单击左侧窗格中"角色"节点。然后单击对话框右侧"添加角色"按钮，打开"添加角色向导"页面。单击"下一步"按钮，在打开的"选择服务器角色"对话框中，选中"Web 服务器（IIS）"复选框，如图 4-12 所示。

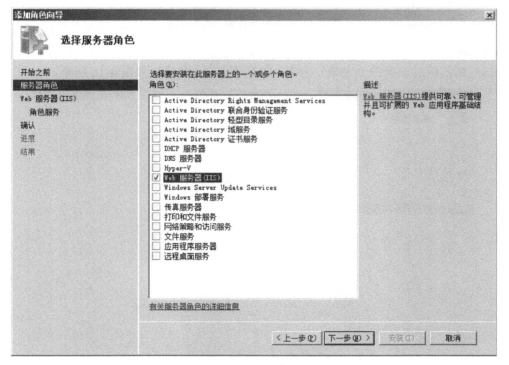

图 4-12 "选择服务器角色"对话框

（2）单击"下一步"按钮，打开"Web 服务器（IIS）"对话框。这个对话框显示 Web 服务器（IIS）简介和注意事项。单击"下一步"按钮，打开"选择角色服务"对话框，可以看到 IIS 除了提供 Web 服务之外，还可以提供管理工具、FTP 发布服务等功能，如图 4-13 所示。

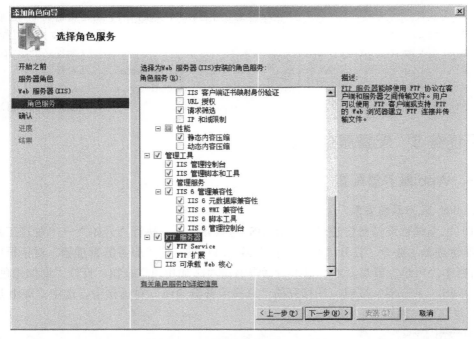

图 4-13 "选择角色服务"对话框

（3）单击"下一步"按钮，打开"确认安装选择"对话框，显示将要安装的 Web 服务器（IIS）角色信息。单击"安装"按钮，开始安装 IIS 角色，如图 4-14 所示。

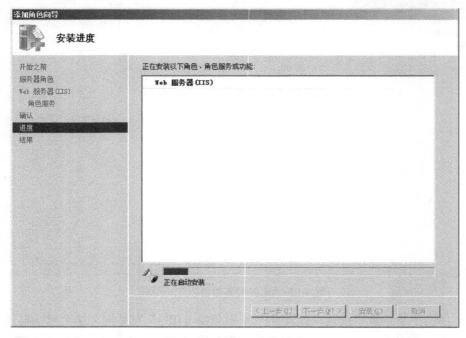

图 4-14 安装 IIS 角色进度

（4）安装完毕，打开"安装结果"对话框，显示已安装的 Web 服务器（IIS）角色信息。单击"关闭"按钮，完成 Web 服务器（IIS）角色的安装。

2. 配置 Web 服务器

（1）执行"开始"→"管理工具"→"Internet 信息服务（IIS）管理器"命令，打开"Internet 信息服务（IIS）管理器"对话框，如图 4-15 所示。

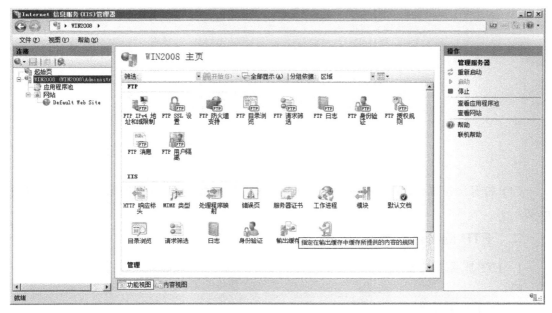

图 4-15　"Internet 信息服务（IIS）管理器"对话框

（2）展开"Internet 信息服务（IIS）管理器"对话框左侧窗格中的节点，右击"网站"选项，在弹出菜单中选择"添加网站"选项，打开"添加网站"对话框。在对话框中进行相关信息的设置，如图 4-16 所示。

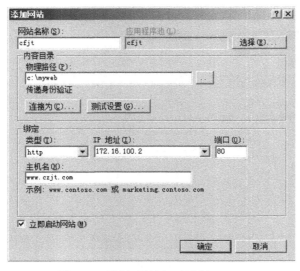

图 4-16　"添加网站"对话框（一）

（3）根据要求，公司有两个 Web 站点，再添加一个网站即可，如图 4-17 所示。

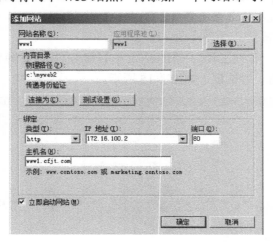

图 4-17　"添加网站"对话框（二）

（4）打开浏览器，在地址栏中输入 URL 地址，进行测试，如能正常浏览，则站点创建成功。

二、FTP 服务器配置

1. FTP 服务器的安装

略。

2. 配置 FTP 服务器

（1）执行"开始"→"管理工具"→"Internet 信息服务（IIS）管理器"命令，打开"Internet 信息服务（IIS）管理器"对话框。展开控制台左侧窗格中的节点，右击"FTP 站点"，弹出菜单中执行"新建"→"FTP 站点"命令，打开"FTP 站点创建向导"页面。

（2）单击"下一步"按钮，打开"添加 FTP 站点"对话框。在对话框中输入"FTP 站点名称"及 FTP 站点"内容目录"，如图 4-18 所示。

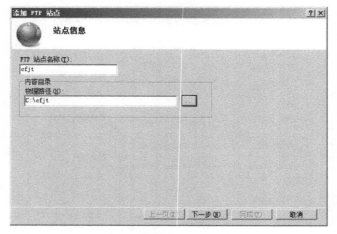

图 4-18　"添加 FTP 站点"对话框

（3）单击"下一步"按钮，打开"绑定和 SSL 设置"对话框。在文本框中输入服务器

IP 地址与端口号，默认是 TCP 的 21 端口，SSL 选择默认设置"无"，如图 4-19 所示。

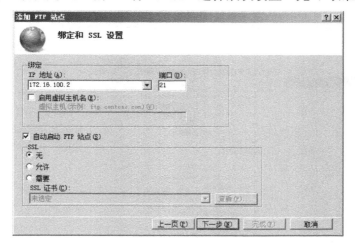

图 4-19　"绑定和 SSL 设置"对话框

（4）单击"下一步"按钮，打开"身份验证和授权信息"对话框，根据要求，身份验证这里选中"匿名"复选框，以实现 FTP 站点的匿名访问，"授权允许访问"选择"所有用户"，"权限"选中"读取"、"写入"两个复选框，如图 4-20 所示。

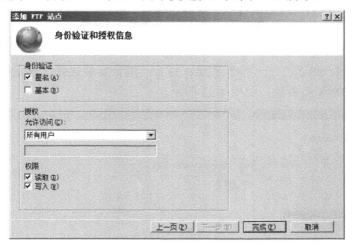

图 4-20　"身份验证和授权信息"对话框

（5）单击"完成"按钮，结束 FTP 站点的创建。

（6）打开浏览器，进行 FTP 服务测试。

三、DNS 服务器配置

1. DNS 服务器的安装

（1）以系统管理员身份登录到安装 IIS 的服务器上，执行"开始"→"管理工具"→"服务器管理器"命令，打开"服务器管理器"对话框。在"服务器管理器"对话框中单击左侧窗格中"角色"节点。然后单击对话框右侧"添加角色"按钮，打开"添加角色向导"页面。单击"下一步"按钮，在打开的"选择服务器角色"对话框中，选中"DNS 服务器"

复选框，如图 4-21 所示。

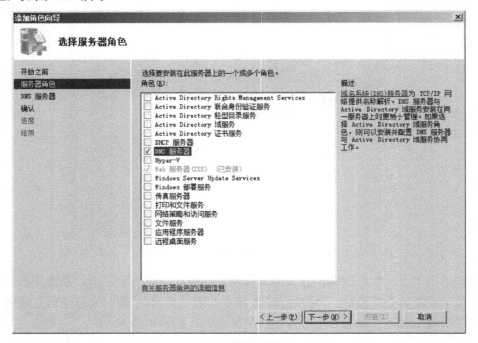

图 4-21 "选择服务器角色"对话框

（2）单击"下一步"按钮，打开"DNS 服务器"对话框。这个对话框显示 DNS 服务器简介和注意事项。单击"下一步"按钮，打开"确认安装选择"对话框，单击"安装"按钮，开始安装 DNS 服务器，如图 4-22 所示。

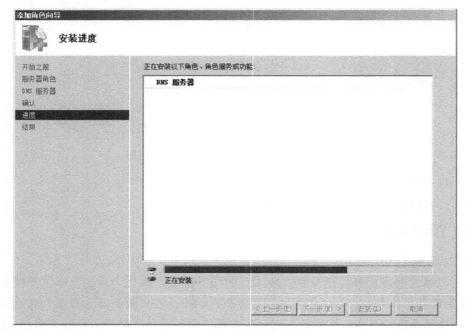

图 4-22 确认安装选择对话框

（3）安装完毕后，出现"安装结果"对话框，如图 4-23 所示，单击"关闭"按钮，完成 DNS 服务器安装。

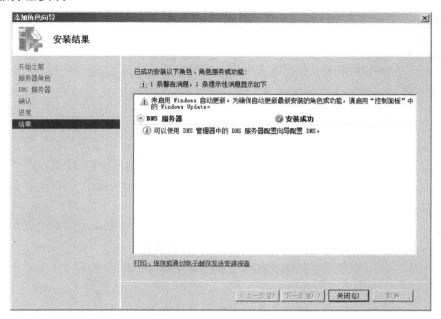

图 4-23　"安装结果"对话框

2. 配置 DNS 服务器

（1）创建正向主要区域

① 执行"开始"→"管理工具"→"DNS"命令，打开"DNS 管理器"对话框。右击"正向查找区域"，在弹出的菜单中选择"新建区域"命令，打开"新建区域向导"窗口，如图 4-24 所示。

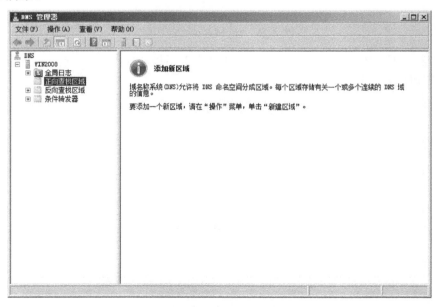

图 4-24　"新建区域向导"窗口

② 在"新建区域向导"对话框，单击"下一步"按钮，打开"区域类型"对话框，如图 4-25 所示，选中"主要区域"单选按钮。

③ 单击"下一步"按钮，打开"区域名称"对话框，输入正向主要区域的名称，如图 4-26 所示。

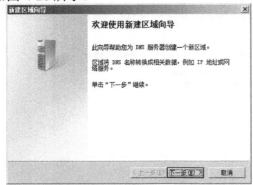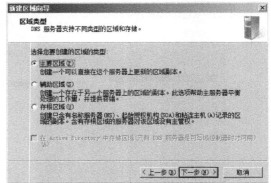

图 4-25 "区域类型"对话框

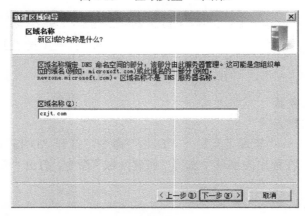

图 4-26 "区域名称"对话框

④ 单击"下一步"按钮，打开"区域文件"对话框，如图 4-27 所示，选择默认设置，区域文件用以保存区域资源记录。

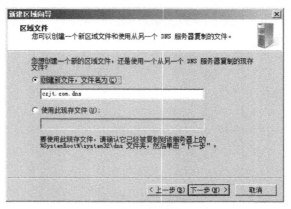

图 4-27 "区域文件"对话框

⑤ 单击"下一步"按钮，打开"动态更新"对话框，如图 4-28 所示，选择默认选项，即"不允许动态更新"单选按钮。

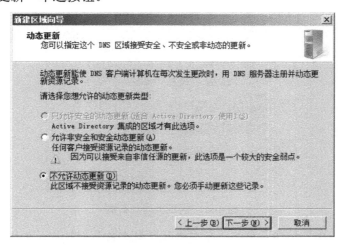

图 4-28　"动态更新"对话框

⑥ 单击"下一步"按钮，打开"正在完成新建区域向导"对话框，然后单击"完成"按钮，结束正向主要区域的创建，如图 4-29 所示。

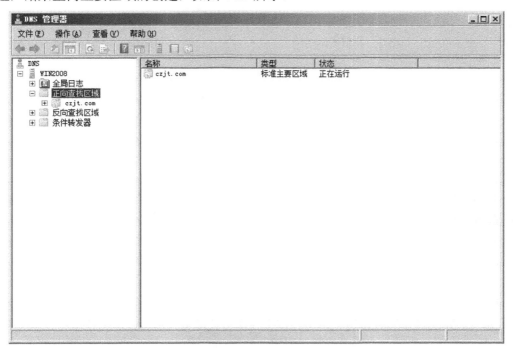

图 4-29　完成正向主要区域创建

（2）创建反向主要区域

① 执行"开始"→"管理工具"→"DNS"命令，打开"DNS 管理器"对话框。右击"反向查找区域"，在弹出的菜单中选择"新建区域"命令，打开"新建区域向导"。

⑤　单击"下一步"按钮，打开"区域文件"对话框，如图 4-33 所示，选择默认选项。

⑥　单击"下一步"按钮，打开"动态更新"对话框，如图 4-34 所示，选择默认选项，即"不允许动态更新"单选按钮。

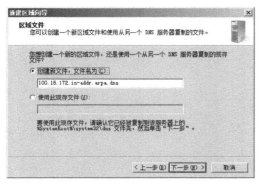

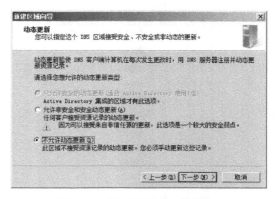

　　　图 4-33　"区域文件"对话框　　　　　　　　图 4-34　"动态更新"对话框

⑦　单击"下一步"按钮，打开"正在完成新建区域向导"对话框，然后单击"完成"按钮，结束正向主要区域的创建，如图 4-35 所示。

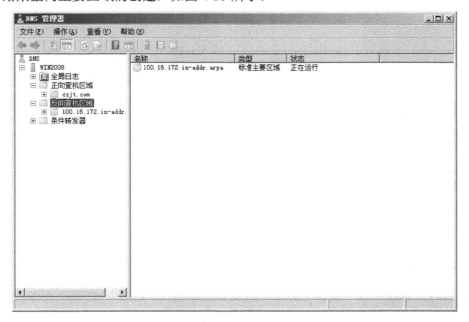

图 4-35　完成正向主要区域创建

（3）新建主机记录

①　打开"DNS 管理器"对话框，展开左侧窗格中的服务器和正向查找区域节点。单击区域"cfjt.com"，在弹出的菜单中选择"新建主机"命令，如图 4-36 所示。

②　在"新建主机"对话框中，输入名称和 IP 地址，同时选中"创建相关的指针（PTR）记录"复选框，如图 4-37 所示。

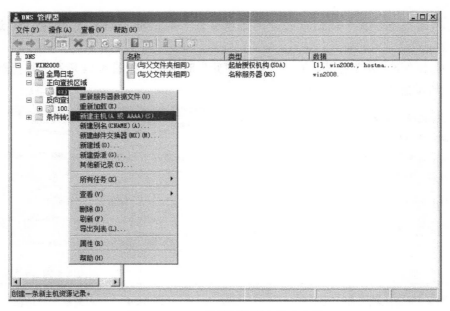

图 4-36 DNS 管理器控制台新建主机

③ 按要求，依次新建三个对应的主机名称，如图 4-38 所示。

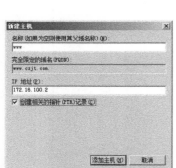

图 4-37 新建主机对话框 　　　　　　 图 4-38 完成三个主机名称的创建

④ 执行"开始"→"运行"命令，在文本框中输入"cmd"，打开"命令提示符"界面，输入"nslookup"命令，对 DNS 服务器进行测试。

反侵权盗版声明

　　电子工业出版社依法对本作品享有专有出版权。任何未经权利人书面许可，复制、销售或通过信息网络传播本作品的行为；歪曲、篡改、剽窃本作品的行为，均违反《中华人民共和国著作权法》，其行为人应承担相应的民事责任和行政责任，构成犯罪的，将被依法追究刑事责任。

　　为了维护市场秩序，保护权利人的合法权益，我社将依法查处和打击侵权盗版的单位和个人。欢迎社会各界人士积极举报侵权盗版行为，本社将奖励举报有功人员，并保证举报人的信息不被泄露。

举报电话：（010）88254396；（010）88258888

传　　真：（010）88254397

E-mail：　dbqq@phei.com.cn

通信地址：北京市万寿路 173 信箱
　　　　　电子工业出版社总编办公室

邮　　编：100036